소중한 내 아이에게 꼭 알려주고 싶은 것

소중한 내 아이에게 꼭 알려주고 싶은 것

김봄 · 김보아 · 김경화 · 나애정 지음

생각의빛

제1장
후회하지 않는 인생을 살아라

김봉

엄마도 엄마가 처음이라

어릴 때 항상 엄마를 보면서 '무엇이든 다 할 수 있는 사람', '어른'이라고 생각했다. 어린 내 눈엔 배가 고플 때면 언제나 맛있는 음식을 만들어주시는 것도 모르는 것을 물어보면 척척 대답해주시는 것도 무척 대단하게만 보였다. 혹시나 내가 어떠한 일을 하다가 실수하면 엄마가 금방 달려와 정리해주셨다. 하면 안 되는 일을 알려주고 해야 하는 일을 가르쳐주셨다. 엄마는 내게 슈퍼우먼이자 삶의 길잡이였다.

나도 엄마처럼, 어른이 되면 무엇이든 잘할 수 있을 줄 알았다. 어려운 건 아무것도 없고 쉽게 판단하고 선택할 수 있을 것만 같았다. 불안할 것도 걱정할 것도 없으리라 생각했다. 무엇이든 마음대로 할 수 있을 줄로만 알았다. 그러나 내가 엄마가 되자, 현실은 아주 다르다는 것을 깨닫게 되었다. 엄마라는 단어로 불린다고 해서 슈퍼우먼이 되는 것은 아니라는 것을 깨달은 것이다.

물론 아이들이 보기에는 내가 무척 굉장한 어른일지도 모른다. 아이들이 어려워하는 한글도 척척 읽고, 어려운 수학 문제도 척척 풀어내고, 무거운 것도 번쩍 들어 올릴 수 있으니까. 하지만 사실은 겁도 많고 실수도 많이 하는 실수투성이 인간일 뿐이다. 불안도 많고 걱정도 많고 어려움도 많은 사람이다. 아이 둘의 엄마가 되어도 그런 점은 변하지 않았다. 혹시나 작고 소중한 아이에게 무슨 일이 생길까, 가족들에게 무슨 일이 생길까, 오히려 걱정이 더 늘어났다. 엄마도 어른도 완벽하지 않다는 것을, 나는 아이를 낳고 난 후에야 알게 되었다.

아기를 처음 안았을 때였다. 그때 나는 겨우 기저귀 가는 것도 몰라서 쪼르르 간호사실로 달려갔다. 엄마가 되었지만 젖을 제대로 물릴 줄도 몰라서 배고파 우는 아기를 품에 안고 엉엉 울었다. 조리원 생활이 끝나고 집에 가는 날엔 이 작은 아기를 어떻게 입히고 씻기고 먹일지 머리가 온통 걱정투성이였다. 속싸개 하나도 제대로 못 해서 전전긍긍했다. 아기를 씻길 때는 귀에 물이라도 들어갈까 봐 손이 바들바들 떨렸다. 아기를 키운다는 것은 새로운 일이 계속 발생한다는 것과 같았다. 아이를 낳기 전의 내가 막연하게 상상하고 있던 세계가 아니었다. 하나의 문제를 풀어내면 또 다른 문제가 연이어 나를 기다리고 있었다. 신생아 시기를 무사히 마치니 또 영아기의 문제가, 영아기를 마치면 유아기의 문제가 나를 기다렸다. 아이를 키우는 것은 마치 순간순간 새로운 문제를 풀어 나가는 것과 비슷했다. 엄마는, 그리고 아빠는 그 문제들의 가장 좋은 해답을 찾기 위해 온 사방을 찾아 헤매는 존재였다.

그러나 첫 시작을 무사히 마치면 내가 고민했던 것이 생각만큼 어려운 문제가 아님을 알게 된다. 금방 익숙해지고, 능숙해진다. 사람들은 "엄마들은 아이의 울음소리만 들어도 무엇이 불편한지 알 수 있다."고들 한다. 엄마로서 해당 문장을 정확히 표현해보자면, 아이가 불편해하면 무엇을 해결해 주어야 하는지 '체크 리스트'가 머릿속에 생기는 것에 가깝다고 볼 수 있겠다. 아이를 계속 돌보다 보면 배가 고픈 것인지, 기저귀가 불편한 것인지, 혹시 배가 아픈 것인지 빠르게 파악하고 판단하는 능력이 생긴다. 아기가 언제 주로 배가 고파하는지, 밤에 재울 땐 어떻게 해주는 것을 가장 편안해하는지, 언제쯤 선잠에서 깨고 어떻게 해야 다시 잘 자는지 금방 파악하게 되고, 그 사실에 익숙해지는 것이다. 시간에 맞추어 능숙하게 기저귀 상태를 확인하고 갈아주기도 한다. 그러니 "엄마는 아이 울음소리만 들어도 안다."라는 말이 생긴 것이다.

매일같이 같은 길로 출퇴근하는 운전자를 생각해 보자. 첫 출근길에는 그도 불안하고 걱정이 많았을 것이다. '출근길이 막혀 지각하면 어쩌지?', '혹시나 길을 잘못 들면 어떻게 하지?' 출근길이라는 주제 하나로 수많은 걱정을 했을 것이다. 전날 미리 가방을 싸두고, 옷을 챙겨둔 다음,

지도를 켜고 길을 미리 찾아볼지도 모르겠다. 아침에는 누구보다 먼저 일어나서, 출근 시간이 되기 한참 전에 출발했을 것이다. 그리고 아마도 제일 먼저 회사에 도착할지도 모르겠다.

　그러나 일주일, 이주일 시간이 쌓이면 더는 그런 고민은 하지 않게 된다. 그는 출근길에 어느 곳이 제일 막히고, 어느 교차로의 신호는 어떤 순서대로 바뀌는지 모두 알게 될 것이다. 길을 찾는 것을 크게 고민하지 않고 액셀과 브레이크를 번갈아 밟으며 능숙하게 운전하게 된다. 교차로에서 우회전할지, 좌회전할지 고민하며 내비게이션을 살피지 않아도 된다. 내비게이션의 안내 없이도 쉽게 차선을 변경하며 운전할 수 있게 되기 때문이다. 매일 가는 길이기에 고민하지 않아도 길을 찾아갈 수 있기 있다. 출근 두세 시간 전부터 차에 시동을 걸고 출발하지도 않는다. 출근길이 대략 얼마나 걸리는지 분 단위로 파악하고 있기 때문이다. 이처럼 같은 행동을 여러 번 반복하다 보면, 이윽고 크게 고민하고 신경 쓰지 않아도 쉽게 그 일을 할 수 있게 된다.

　살아가다 보면 무수히 많은 시작을 하게 된다. 그리고 그 시작의 지점에서 그 길을 걷고 있는 다른 사람들을 보면, 나만 빼고 다들 능숙하고 유능한 것만 같다. 첫 아이를 가진 엄마는, '다른 엄마들은 모두 모성애가 뛰어나서 아이의 불편함을 바로바로 파악하는 것 같은데, 왜 나는 아기가 울 때마다 무엇을 해야 좋을지 모르는 걸까?'라며 자책하고 스스로 의심하기도 한다. 첫 출근길에 나서는 직장인은 직장으로 가는 길이 전부

미로처럼 보이고, 자신만 빼고 다른 사람들은 그 미로를 잘 헤쳐나가는 것 같이 느껴질지도 모르겠다. 이처럼 나를 제외한 다른 사람들은 모두 문제를 무리 없이 척척 풀어가는 것 같은데, 나만 쉬운 문제로 끙끙 앓고 있는 것 같다. 그러나 사실은 그렇지 않다. 그들 모두 나와 같은 초보 시절을 이겨낸 사람들일 뿐이다.

그렇다면 무언가 시작하는 것이 매번 어렵고 힘들기만 한 것일까? 그렇지만은 않다. 시작이 주는 두려움을 극복하고 앞으로 나아가면, 새로운 세계를 만날 수 있게 된다. 육아하는 것을 생각해 보자. 육아란 아이라는 새로운 행복을 만나게 되는 과정이다. 내가 아이를 낳지 않았다면 잠든 아이들이 얼마나 예쁜지 알지 못했을 것이다. 누구보다 엄마가 가장 좋다며 "사랑해요!" 하며 안겨 오는 이 두 작은 천사의 맹목적인 사랑을 받지도 못했을 것이다.

아이를 키우면서 나도 새로운 경험을 많이 하게 되었다. 매일 집에서 뒹굴뒹굴하며 책만 보고 뜨개질만 하던 집순이가 주말이면 짐을 싸서 들이고, 산이고, 바다고 나가게 되었다. 첫째 아이는 상어와 고래를 참 좋아한다. 그런 아이에게 직접 물고기가 헤엄치는 것을 보여주고 싶어서 대전에서 여수까지 내려갔다. 아쿠아리움에서 아쿠아리스트가 가오리들에게 먹이 주는 것을 그때 나도 처음 봤다. 가오리는 마치 배에 빙긋이 웃는 얼굴을 가진 것만 같았다. 아이를 낳기 전의 내게 대전에서 여수까지 내려가 아쿠아리움에 다녀오라고 하면, 돈을 줘도 안 가겠다고 버텼을 것이다. 그런 내가 아이에게 물고기를, 상어를, 고래를 보여주기 위해 돈까지 내고 그 먼 거리를 다녀온 것이다. 그리고 그렇게 아이에게 많은 것들을 보여주고 싶어 나간 길에서 나도 새로운 경험들을 쌓았다. 아이를 키우며 처음 먹는 음식도 해보고, 처음 가는 길도 가본다. 아이가 영어를 배우면 나도 영어를 배우고, 아이가 한자를 배우면 나도 한자를 배운다. 아이와 같이 배우고 성장하고 받아들이는 것이다.

아이와 함께 성장하고 새로운 세계로 나가는 엄마들처럼, 두려움을 극복하고 나아간 사람들에게는 새로운 세상이 펼쳐질 것이다. 처음 책을 쓰며 고심하는 작가에게는, 책을 쓰는 고난을 이겨낸 후에 첫 책을 받는 설렘이. 첫 배낭여행을 준비하며 두려움과 설렘을 이겨낸 여행가에게는, 여행지에서 마주할 무수히 많은 만남과 새로운 풍경이 선사할 즐거움이. 그리고 처음 학교에 가는 학생들에게는, 새로운 친구들과 즐거운 일상이 기다리고 있을 것이다.

새로운 시도는 항상 두렵다. 모르는 것도 많다. 나만 여기에서 이렇게 고민하는 것 같고, 나만 어려움에 부딪힌 것만 같다. 다들 빠르게 앞으로 달려가는데, 나만 기어가는 것처럼 여길지도 모르겠다. 그러나 그들의 능숙해 보이는 이면에도 초보 시절이 있었음을 잊지 말자.

아이를 능숙하게 어르는 엄마들에게도 기저귀 갈기조차 난관인 시절이 있었다. 어려운 문제도 척척 해결하는 선배 회사원에게도 처음 출근하던 때가 있었다. 그러나 아기의 울음소리만 들어도 무엇이 불편한지 척척 아는 엄마처럼, 금세 능숙하게 업무를 처리하는 회사원처럼, 당신 역시 금방 익숙해지고 능숙해질 수 있다. 그리고 그렇게 능숙해진 후에는, 이전과는 다른 어떤 자리에 서 있는 자신을 발견할 수 있을 것이다. 누군가는 그런 당신을 보고 선망의 눈길을 보내고 있을지도 모른다. 당신의 새로운 시작과 성장을 응원한다.

좋아하는 일을 찾았으면 좋겠다

취미를 업으로 삼으면 취미가 재미가 없어진다고들 한다. 취미를 업으로 삼으면 신경 쓸 일이 많아지는 것은 맞다. 다른 사람의 일정과 마감에 맞추어 움직여야 하고, 내가 그 업을 잘한다는 것을 어필해야 한다. 취미로 여길 때에는 크게 신경 쓰지 않았던 소소하고 귀찮은 부분들까지, 업으로 여길 때에는 모두 챙겨야만 한다. 나도 그런 경험을 해봤다. 내게는 소소한 핸드메이드 취미가 있다. 뜨개질이다. 뜨개를 하는 분 중에는 작품을 만들어 판매하는 분들이 많다. 항상 그분들이 하는 것이 신기해 보였던 나도, 내 뜨개 작품을 팔아 볼 기회를 잡을 수 있었다. 평소 나는 뜨개질을 할 때 내 기분이 내키는 대로 뜬다. 그러나 작품을 만들어 판매하려고 하니, 정해진 작품을 정해진 기한 내에 떠서 납품해야만 했다. 그 과정은 취미로 뜨개를 할 때와는 달랐다. 자유롭게 원하는 시간에 원하는 만큼 뜨는 게 아니라, 마감일을 맞추어서 떠야만 했기에 재미없었다. 더군다나 내가 원하는 작품이 아닌 작품을, 공장식으로 찍어내야만 하는 일이었기에 더더욱 재미가 없었다. 그래서 한번 해본 이후로 그만두었다. 그때, '취미를 업으로 삼는 것은 정말로 취미가 일이 되는 것일지도 모르겠다.'라고 생각했다.

나는 정말 좋아하지 않는 일을 업으로 삼는 경험도 해보았다. 난 어릴 적부터 사람의 얼굴을 정말로 잘 기억하지 못하는 편이었다. 초등학교 때, 여름방학 어느 날 길을 가다가 어떤 여자아이를 만난 적이 있다. 그 아이는 먼저 내게 "안녕!" 하며 반갑게 인사해 주었다. 정작 인사를 받은 나는 '누구지?'라는 생각을 하며 우물쭈물 그냥 지나쳤다. 개학하고 알고 보니, 그 아이는 우리 반 친구였다. 세상에! 방학이 시작하고 겨우 며칠 만에 그 아이가 같은 반인 것을 잊은 것이다. 그 정도로 정말로 나는 사람을 잘 기억하지 못 한다.

그런 나의 첫 직장은 바로 병원이었다. 병동 간호사로 첫 근무를 시작한 것이다. 간호사는 정말로 사람을 잘 기억해야 하는 직업이다. 물론 사람을 확인하는 여러 안전장치와 절차가 있기는 하지만, 기본적으로는 간호사 본인이 사람을 잘 기억해야 한다. 환자들도 사람이기에, 이리저리 돌아다닌다. 이따금 환자들이 다른 사람의 자리에 가서 담소를 나누고 있기도 하다. 그러니 얼굴과 이름을 기억하고 있어야 환자에게 그때그

때 이것저것 설명하기 좋다. 환자는 물론, 가능하면 주 보호자까지는 기억하는 것이 유리하다. 이따금 보호자들은 "몇 호 어느 환자의 보호자예요."라고 이야기하지도 않고 대뜸 "검사 결과, 언제 나오나요?"라고 묻기도 한다. 환자와 달리 보호자에게는 이름표가 없기에, "실례지만 몇 호실 어느 분의 보호자이신가요?"라고 묻는 민망한 상황을 피하기 위해서는 주로 상주하는 보호자의 얼굴은 기억하는 것이 좋다. 다음 근무의 간호사에게 인계할 때도 사람을 잘 기억하고 있으면 인계가 더 수월하다. 그런데 사람을 잘 기억하지 못하는 내가 병동 간호사 업무를 해야 했으니 얼마나 고역이었을까. 결국, 병원에서 떠나왔으니, 내게 썩 맞는 일이 아니었던 셈이다.

취미를 업으로 삼는 것도, 맞지 않는 일을 업으로 삼는 것도, 좋은 선택은 아닌 것 같다. 그렇다면 어떻게 해야 할까?

나는 어릴 적부터 독서를 좋아했다. 기억도 나지 않는 까마득한 어린 시절부터 손에서 책을 놓은 적이 없다. 학교에 다닐 때는 으레 도서관에 갔다. 점심시간이나 하교 시간에는 항상 도서관에 들렀다. 놀이터보다 도서관이 좋았다. 성인이 되어서도 종종 도서관에 가서 무수히 많은 책에 둘러싸이는 꿈을 꾸고 있으니, 내 책 사랑은 알만하다. 어머니도 이런 내 취미를 알고 있어서 종종 도서관에 데려가 주시기도 하고 매달 꼬박꼬박 책도 사주셨다. 물론 잠깐 손에서 책을 놓았던 때도 있었다. 그 시절엔 도서관 대신 집 앞 책 대여점에 갔다. 장르만 바뀌었을 뿐 계속 책을 읽어온 셈이다.

책을 좋아해서일까? 글을 쓰는 것도 정말 좋아했다. 학교에서 선생님께 글을 잘 썼다는 칭찬을 들으면 괜히 어깨가 으쓱했다. 장르 소설을 읽을 때는 친구들이랑 같이 소설을 써보기도 했다. 주거니 받거니 같이 쓰기도 하고, 혼자서 새로운 세계관을 만들어 상상의 나래를 펼치기도 했다. 요즘에도 평소 짧은 시를 쓰는 걸 정말 좋아한다. 시상이 떠오를 때는 그대로 적어 내려가기도 하고, 주위의 물건들을 주제로 삼행시를 쓰기도 한다. 내가 쓴 삼행시를 모으면 족히 백여 편은 훌쩍 넘을 것이다.

그런 내가 책을 쓰기 시작한 것은 어쩌면 자연스러운 일일지도 모른다. 글을 쓰는 게 재미있고 좋은 사람. 언제든 글을 쓰라고 하면 쉽게 술술 써 내려가는 사람. 글솜씨에 자신이 있다기보다는, 그냥 글을 쓰는 것 자체를 어려워하지 않는 사람이 있다면, 그게 나다. 유명한 작가나 대문호처럼 멋진 글을 쓰지는 못하지만, 일상의 소소한 이야기를 글로 남기는 것은 내가 할 수 있는 일이다. 멋들어진 문장을 만들어내지는 못하지만, 그래도 다른 사람들이 이해할 수 있는 문장은 만들 수 있다. 그리고 그게 좋다. 그래서 나는 글을 쓰기 시작했다.

좋아하는 일을 하니 마음이 편안하다. 누군가에게 피해를 줄까 봐 전전긍긍하지 않아도 되었다. 이 일을 끝내지 못할까 봐 스트레스를 받으며 머리를 쥐어짜지 않아도 되었다. 틈이 나면 나도 모르게 목차를 들여다

보고, 어떤 내용을 넣을지 고민한다. 아이를 등원시키면 제일 먼저 컴퓨터를 켜고 키보드를 잡는다. 그리고 어떤 목차에 어떤 내용을 넣을까 즐겁게 고민하면서 백지를 채워간다. 스트레스조차 기껍다. 마감날이 다가오면 '아, 이번에도 늦었네.'라는 생각도 들지만, '그래도 빨리 끝내야겠다.'라는 생각도 같이 든다. 학생 때처럼 '망했다!'라는 생각은 들지 않는다. 그보다는 '늦은 만큼 더 잘 써야겠다!'라는 다짐이 생길 뿐이다. "스트레스가 있어서 더 집중된다."라는 말을 실감하는 중이다.

취미와 특기, 그리고 좋아하는 일에는 조금씩 차이가 있는 듯하다.

취미는 재미있는 활동이다. 그리고 재미를 위한 활동이다. 쉬는 시간, 여가를 위한 시간에 좋은 취미 하나쯤 있으면 좋다. 일상에 활력을 주고, 힘든 일이나 무료한 시간을 이겨내는 힘을 주기 때문이다. 그러나 취미를 꼭 일처럼 할 필요는 없다. 관심이 떨어질 때는 잠깐 손에서 내려놓아도 무방하다. 취미를 한다고, 하지 않는다고 일정에 지장이 생기는 것도 아니다. 어려운 것은 하지 않아도 되고, 쉽고 재미있는 부분만 골라서 해도 된다. 그러면 발전 가능성이 없지 않겠느냐는 질문을 할 수도 있는데, 취미란 그래서 취미라고 생각한다.

내 취미는 '뜨개질'이다. 이따금 수세미를 떠서 여기저기 선물하기도 하고, 겨울이면 가족을 위한 목도리도 뜬다. 어려운 옷도 몇 번 떠봤는데, 영 힘들고 시간이 오래 걸려서 하다 말았다. 굳이 무언가 대단한 작품을 만들겠다고 도전까지 하지는 않는다. 딱 하고 싶은 작품만 뜨고, 재미있는 만큼만 배운다. 요즘엔 책을 읽고 책을 쓴다고 잘 하지도 않는다. 언젠가 또 하고 싶을 때 손에 바늘을 들겠지. 취미란 딱 그 정도 위치이다.

반면 특기는 내가 잘 배울 수 있는 활동이다. 재미가 있건 없건 상관없이, 내가 잘하고 잘 배우면 그게 특기가 된다. 공부를 잘하는 학생은 공부가 특기가 될 수 있고, 달리기를 잘하는 사람은 달리기가 특기가 될 수 있겠다. 보통은 좋아하는 것을 열심히 하다 보니, 좋아하는 일이 특기가 되는 경우가 많다. 혹은 타고난 센스가 특기가 되기도 한다. 문서작성이나 엑셀 정리를 잘하면, 문서작성 혹은 엑셀 정리가 특기가 될 수 있다.

그렇다면 좋아하는 일은 취미나 특기와 무엇이 다를까? 좋아하는 일은 재미를 찾는 취미랑도, 내가 다른 사람들보다 비교적 더 잘 배울 수 있는 영역인 특기랑도 조금 다르다. 그것은 열정이 있는 일이다. 어떠한 일을 할 때 어려움이 동반되어도 기꺼운 일이 바로 좋아하는 일이다.

지금의 내게 누군가 "좋아하는 일이 뭐예요?"라고 물으면 나는 당연하게 "육아요."라고 대답할 것이다. 육아는 내게 취미도 아니오, 특기도 아니다. 육아에 있어서 가장 중요한 일상생활 챙기기, 이유식 만들기, 옷 입히기 등은 여전히 너무 어렵다. 아이들이 떼를 쓰고 고집을 피울 때, 혹은 위험한 일을 하겠다고 달려들 때는 훈육을 어떻게 해야 할지 항상 난감하다. 그리고 아이들을 훈육한 날 밤에는 더 좋은 방법이 없었을지 항상 후회한다. 그러나 그래도 나는 내 아이들과 함께 커 가는 지금이 너무 행복하다. 항상 나를 위해, 그리고 아이들을 위해 더 좋은 방법이 없을지 고민하는 과정조차 좋다. 그러니 매달 육아서를 읽고 더 나은 방법을 찾으려고 노력하는 것이다.

글을 쓰는 것과 책을 쓰는 것도 비슷하다. 매일 백지를 노려보며 무슨 내용을 채울까 고민하는 것도, 다른 작가님들과 온라인에서 만나 소통하는 것도 즐겁다. 어떻게 하면 더 좋은 내용을 쓸 수 있을까, 어떻게 하면 더 좋은 표현을 찾을 수 있을까 생각한다. 학창 시절 그 귀찮고 싫기만 했던 마감 기한도 이제는 열정을 불태울 한계선이 정해진 듯하여 기껍다. 다른 작가들이 쓴 책들을 스스로 찾아 읽고, 모르는 건 질문하며 배워 익힌다. 이전이라면 잘 하지 않았을 '필사하기' 같은 훈련도 작가가 되는 일이라고 생각하니 쉽게 할 수 있다.

좋아하는 일을 하면 열정이 생긴다. 다른 분야에서는 억지로 하라고 해도 하기 싫던 일들도 즐거워진다. 단순한 반복 작업같이 보이는 일들도 더 잘하기 위한 훈련으로 느껴진다. 그 일을 함으로써 성장하는 기분이 드는 것. 그 일을 하면서 더 나은 내가 되어간다는 것이 느껴지는 것. 그것이 바로 '좋아하는 일'이다.

《논어》에 이런 말이 있다. "아는 자는 좋아하는 자만 못 하고, 좋아하는 자는 즐거워하는 자만 못 하다." 이 말은 흔하게 "천재는 노력하는 사람을 이기지 못하고, 노력하는 사람은 즐기는 사람을 이기지 못한다."라고 풀어서 설명된다. 나는 좋아하는 일이 바로 그런 것이라고 생각한다. 생각만 해도 즐거운 일들. 가만히 있으면 하고 싶은 일들. 자꾸 생각나는 일들. 진행하는 과정에서 만나는 모든 어려움과 고생마저 기꺼운 일들. 어떻게 하면 더 잘할 수 있을까. 나도 모르게 고민하는 일들. 그리고 그렇게 성장할 수 있는 일들 말이다.

그러니 당신이 좋아하는 일을 찾길 바란다. 그리고 당신도 좋아하는 일을 찾아서 성장하는 즐거움을 듬뿍 느낄 수 있었으면 좋겠다.

배움에는 때와 장소가 없다

《논어》에 이런 말이 있다. "세 명이 길을 걸으면 그중에 반드시 나의 스승이 있다." 세 명의 사람이 있으면, 그중의 한 명은 반드시 좋은 일을 하거나 나쁜 일을 할 것이므로, 그의 좋은 점은 본받아 성장하고, 나쁜 점은 가려내어 나의 행동을 고칠 수 있다는 의미이다. 재미있는 점은 공자가 말한 '세 명'에는 나이가 쓰여 있지 않다는 사실이다. 어린아이가 모여 있더라도, 내 또래가 모여 있더라도, 혹은 나이 많은 어르신들이 모여 있더라도, 그중에 한 명은 내 스승이 될 수 있다는 의미다.

《논어》의 이 말을 또 다르게 생각해보자. 나 역시 누군가에게는 길을 가는 세 사람 중 하나가 될 수 있다. 어떤 사람은 나의 좋은 점을 본받아 성장할지도 모르고, 또 다른 사람은 나의 나쁜 점을 가려내어 행동을 고칠지 모른다. 내가 어릴 때이건, 나중에 나이가 들어 늙었을 때이건, 나 역시 누군가에게 항상 스승의 역할을 하고 있다는 의미이다. 그렇다면 기왕이면 누가 나를 언제 보더라도, 좋은 면을 본받아 성장하는 스승의 역할을 하는 것이 좋지 않을까?

종종 사람들은 공부는 학교에서 끝내고 사회에서는 본격적으로 배운 것을 활용해야 하는 시기라고 생각하는 경향이 있다. 나 역시 그랬다. 배우는 것은 학교에서만 할 수 있는 일인 줄로만 알았다.

어릴 적부터 나는 배움에 대한 욕심이 많은 편이었다. 기억도 나지 않는 까마득한 어린 시절부터 책을 옆에 끼고 살았다. 소설책, 과학책, 인문학책 가리지 않고 닥치는 대로 읽었다. 초등학교 1학년 때, 《파브르의 곤충기》가 너무 재미있어 하교 시간에도 손에 들고 길을 걸으며 읽었던 기억이 있다. 학교 수업도 마찬가지였다. 수업 시간에 배우는 새로운 내용이 정말 재미있었다. 재미가 있으니 수업 시간에 집중도 잘했다. 그러니 선생님들이 꽤 편애하는 학생이기도 했다.

간호학과에 진학하여 면허를 딴 후 다시 대학교로 돌아간 이유도 거기에 있었다. 공부가 하고 싶었다. 머릿속이 호기심으로 가득 차 있었다. 세상이 어떻게 움직이는지 궁금했다. 사람을 돌봐주고 아픈 것을 치료해주는 것보다, 근육이 수축하는 과정, 뇌에 시냅스가 만들어지는 과정을 공부하는 것이 더 재미있게 느껴졌다. '생명체는 어떤 방식으로 움직일까?'

'기억이 저장되고 출력되는 방식은 뭘까?' 당시에는 그런 호기심들이 있었다. 그리고 그런 것들은 학교에서만 배울 수 있는 줄 알았다. 그래서 생물학과에 편입했다.

4년, 그리고 2년 반 더. 내가 대학교에서 지낸 시간이다. 그러다 경제적으로 독립해야 할 시기가 되어 다시 사회로 돌아왔다. 궁금한 것은 여전히 많았다. 하지만 언제까지고 학교에 남아있을 수만은 없었다. 나이가 들었고, 경제적으로 완전히 독립해야 할 때가 다가오고 있었기 때문이다. 언제까지고 부모님의 집에서, 부모님의 곁에서 학생으로만 남아있을 수는 없었다. 독립해야 했다. 학교에 남아 공부를 지속하기에는 공부 자체만으로는 경제력을 갖기 어렵다는 판단이 들었다. 나보다 공부를 잘하는 친구들은 많았고, 나보다 끈기 있는 친구들은 더 많았다. 학문에 뜻을 두고 그 길을 가기에는 내 능력이 부족하게만 느껴졌다. 그래서 결국 사회로 다시 돌아왔다. 공부에서 한 걸음 멀어졌다. 그런데 그 후에 다시 살펴보니 세상은 내가 생각했던 것과 조금 달랐다.

공부를 학교에서만 할 수 있다는 것은 내 편견이었다. 호기심과 관심만 있다면 공부를 할 수 있는 곳은 지천으로 널려 있었다. 대학교에 입학하는 것처럼, 커다란 시간과 비용을 투자해야만 공부할 수 있는 것이 아니었다. 도서관에 가면 관심 있는 분야의 책을 얼마든 빌릴 수 있다. 요즘에는 한 달에 만 원도 안 되는 돈으로 전자책을 마음껏 읽을 수 있는 플랫폼도 있다. 온라인 공부 모임이나 토론 모임에서 지식을 나누고 발전시킬 수도 있다. 각종 전문 분야에서 공부한 사람들의 유튜브나 게시글을 찾아보는 것도 하나의 방법이다.

최근에는 '과학 커뮤니케이터' 같은 직업도 생겨났다. 전문 과학 지식을 일반인들이 이해하기 쉬운 말로 풀어서 설명해주는 사람들이다. 자발적으로 사람들에게 일상 속 과학, 그리고 최신 과학 트렌드에 대해 쉽게 설명해주던 사람들이 돈을 벌기 시작했다. 그들은 쉬운 언어로 과학을 설명해주는 유튜브 동영상을 찍고, 책을 낸다. 학교에서만 배울 수 있을 것이라고 생각했던 어려운 내용들이 그들의 손에서 쉬운 일상어로 재탄생되었다. 전공이 완전히 달라도 상관없었다. 그들이 일반인이 알 수 있는 쉬운 말로 과학을 해석해주기 때문이다. 이처럼 세상에는 자신의 지식을 아낌없이 나눠주는 사람들이 정말 많다. 지식을 학교에서만 배울 수 있다는 것은 내 편견에 불과했다.

그리고 세상엔 그들의 이야기를 듣고 싶어 하는 사람들도 정말 많았다. 그들은 시험을 잘 보기 위해서 공부하는 것이 아니었다. 대단한 연구자가 되기 위해서 공부하는 것도 아니었다. 때때로 사람들은 그냥 공부하는 것이 재미있어서 모였다. 지식을 나누는 커뮤니티를 만들고, 같이 책을 읽고, 지식을 교류하고, 토론하는 사람들이었다. 사람들이 모이니, 그 사이에서 자신들의 지식을 나누어주는 사람들도 모였다. 학교와는 달랐다. 그들은 시험을 보지 않아도, 학위를 준비하지 않아도 그냥 공부하고 지식을 흡수했다. 가끔 서로의 전문분야에 대해 조언을 구하거나 지식을 구하기도 했다.

　사람들은 왜 학교를 졸업하고도 계속 공부를 할까? 왜 사회에 나와서도 계속 스터디에 참여하고, 영어 공부를 하고, 책을 읽는 것일까? 나만해도 책을 쓰고 있는 지금 시점에 온라인 독서 모임과 영어 공부 모임에 참여하여 매일 같이 공부하고 있다. 다양한 주제로 토론하는 모임에도 참여하여 지식을 나누고 토론하고 있다. 매일 영어 공부를 하고, 책을 읽는 일은 사실 '재미있는' 일은 아니다. 세상에는 공부하고 책 읽는 것보다 재미있는 일이 정말 많다. 오락 영화를 보는 것, 맛있는 음식을 먹는 것, 세계 각지 관광지로 여행을 떠나는 것 같은 일들이 더 재밌다. 그럼에도 불구하고, 나와, 나랑 같이 스터디 하는 사람들은 매일 공부를 하고 인증한다. 도대체 이 사람들이 학교를 졸업하고도 공부를 계속하는 이유는 무엇일까?

　누구는 성공하고 싶어서 공부할지도 모른다. "일독일행"이라는 말이 있다. 책을 한 권 읽으면 책에서 배운 내용을 하나 실천해야 한다는 말이다. 그렇게 책을 한 권씩 읽으면서 실천해나가다 보면, 책에 나온 사람들처럼 성공하는 삶을 살 수 있게 된다는 의미이기도 하다. 그런 사람들에게 공부는 돈을 버는 수단이자 도구일 것이다. 작은 목표로는 스펙을 쌓아 더 좋은 직장으로 이직하기 위해 공부할 것이다. 큰 목표로는 수십, 수백억대 부자가 되기 위해 공부할지도 모른다. 사회가 급변하고 있다. 어제 배운 지식은 오늘은 옛것이 된다. 빠르게 최신 지식을 흡수하는 사람들이 기회를 잡을 수 있는 세상이 되었다. 그런 세상에서 사방에 안테나를 세우고 지식을 흡수한다는 것은, 성공을 할 수 있는 가장 주효한 방법일 수 있겠다.

그러나 사람들이 꼭 성공하고 싶은 목표만 갖고 공부하는 건 아닌 것 같다. 공부가 좋아서 공부에 매진하는 것만도 아닌 것 같다. 공부, 아니 배움에는 그보다 본질적인 것이 있다. 논어를 주제로 다룬 여러 책들을 생각해 보면, 배움에는 나이도 없다는 생각이 든다. 그들은 왜 나이가 들어서도 계속해서 공부하는 것일까?

내 아버지는 나이 오십이 넘었을 때 한의학 책들을 구매하여 공부하기 시작하셨다. 그 나이에 다시 수능을 봐서 한의사가 되기 위해 책을 읽으신 것은 당연히 아니셨다. 어디가 크게 아프셔서, 혹은 주위의 누군가가 크게 아파서 의학책을 읽은 것도 아니셨다. 아버지의 공부는 본격적이어서, 한자로 된 책을 구매하여 읽는 것은 물론이고, 내가 학부 때 읽던《해부생리학》책도 새로 구매하여 공부하셨다. 한 번은 아버지께 왜 공부를 계속하시는지 여쭤봤다. 그랬더니 "재미있잖아! 그리고 내가 이것을 배워서 주위 사람들이 안 좋은 걸 일찍 발견할 수도 있고. 그리고 이걸 배우면서 다른 분야, 과학이나 이런 것에도 관심이 가더라고."라고 대답하셨다.

처음에 우연한 호기심으로 시작하는 공부는 그 사람의 지평을 넓혀 주는 계기가 된다. 아버지의 공부도 한의학에서 시작해서 가지를 뻗어 한자로, 생물학으로, 과학으로 넓어졌다. 아버지의 세상도 그만큼 넓어졌다. 예순이 넘은 나이에도 아버지는 여전히 왕성하게 활동하신다. 챗-GPT, 인공지능 같은 새로운 지식이 아버지에게는 마냥 어렵기만 한 다른 세상의 이야기가 아니다. 아버지에게 새로운 세상이란, 당장 적응하기에 쉽지는 않지만, 그래도 배워볼 만한 재미있는 과제인 것이다.

미국의 철학자 윌리엄 제임스는 이런 말을 남겼다. "생각을 바꾸면 행동이 바뀌고, 행동을 바꾸면 습관이 바뀌고, 습관을 바꾸면 인격이 바뀌고, 인격이 바뀌면 운명이 바뀐다." 배운다는 것은 그런 것이다. 더 좋은 지식을 쌓고 더 좋은 것을 알게 됨으로써 생각을 바꾸는 것, 그리고 그 생각을 바꾸어서 행동을 바꾸며 좋은 삶을 쌓아가는 과정이다. 나는 많은 사람이 그것을 알기 때문에 계속해서 공부하고, 삶을 가꾸어 나가고 있다고 생각한다.

"세 명이 길을 걸으면 그중에 반드시 나의 스승이 있다." 온 세상에는 스승들이 넘친다. 자신의 지식을 누군가에게 무료로 퍼주고 싶어하는 사람들이 넘쳐난다. 그들의 이야기는 심지어 재미도 있다. 게다가 쉽다. 학교에서 배우는 지식과 다르게, 현실과 직접 맞닿아 있는 살아있는 지식이기도 하다. 그러니 배움의 터를 한정시키지 말자. 일상에서 배우자. 온 세상에서 배우자. 배울 수 있는 곳은 어디에나 있다.

그리고 배움에서 그치지 않고 스스로 누군가의 스승이 되자. 다른 사람들과 함께 배우고 익히면서, 나의 지식을 나누자. 그들과 함께 더 쉬운 말로, 더 편한 말로 지식을 전달하는 방법도 배우자. 그렇게 다른 사람들과 함께 배우고 익히면서, 더 나은 삶을 향해 나아가자. 배움을 끊지 말자. 새로운 세상에 항상 호기심을 갖고 달려들자. 항상 배우는 자세를 잊지 말고, 더 나은 삶을 향해 나아가자. 오늘은 어제보다, 내일은 오늘보다 더 좋은 삶이 나를 기다리고 있을 것이다.

작은 습관이 만드는 기적

나는 무척 게으른 사람이었다. 학창 시절에는 자타공인 벼락치기의 달인이었다. 시험 3일 전에 몰아치듯 공부했고, 과제는 매번 제출 직전에 완성했다. 미리미리 무언가를 하는 것은 내 세상에서는 있을 수 없는 일이었다. 초등학교 때, 여름방학 숙제를 미루고, 될 수 있을 만큼 미루다가 결국 거의 아무런 과제도 하지 않았던 기억도 있다. 다른 학생들 앞에서 선생님이 "방학 숙제해온 것이 이것밖에 없어?"라고 질문하셨을 때 창피해서 얼굴이 토마토처럼 빨갛게 변했다. 그러나 그런 경험에도 내 게으름은 고쳐지지 않았다. 시키지도 않은 일을 하는 것은 해가 서쪽에서 뜨는 것만큼이나 이상한 일이었다.

그런데 그런 내가 지금은 자발적으로 스터디에 참여하고, 공부하고, 자기 계발을 한다. 스스로 책을 찾아 읽고, 그 책에 대한 독후감을 남긴다.

누가 시키지도 않았는데 책을 쓰고 있다. 어떤 일이 일어난 것일까?

2021년 겨울이었다. 둘째를 출산한 지 며칠 안 된 날이었다. 차가운 공기를 머금은 겨울 하늘은 푸르렀고, 조리원은 무척 아늑했다. 조리원에서는 밥을 하지 않아도, 청소를 하지 않아도, 빨래를 하지 않아도 되었다. 오롯이 누워서 마사지를 받고 몸을 회복하는 시간이었다. 매일 온몸으로 치대오던 큰아이는 아빠와 집에 있었고, 코로나19로 면회조차 불가능했다. 심심했다. 한 3일을 침대와 한 몸이 되어 누운 채로 커뮤니티를 들락이는데, 활동하던 한 카페에서 '온라인 영어 스터디'를 모집하는 것이 보였다. 공부하는 내용도 내 맘대로, 분량도 내 맘대로. 하루 한 번 인증만 하면 되는 굉장히 자유로운 스터디였다. 사실 스터디라고 보기도 어려웠다. 스스로 공부해서 그 내용을 찍어서 올리면 끝이라니. 심심한데 잘 됐다 싶어서 냉큼 신청했다.

모인 인원은 총 4명. 단출했다. 나는 당장 책도 없었고, 노트나 펜도 없었기에, 유튜브에 올라오는 영어 영상을 보고 그 내용을 인증하는 것으로 시작했다. 누구는 영어를 음독해서 올렸고, 누구는 토익 공부한 내용을 올렸다. 서로 오가는 일상 대화도 없었다. 그냥 하루 한 번, 10분 동안 짧게 공부한 내용을 매일 올렸다. 부담이 없었기에 나도 매일 출석 체크하듯 유튜브 영상을 스크린샷 찍어 올렸다. 조리원을 나와서는 영어《성경》을 필사하여 해석해 올렸는데, 쓰다 보니 손이 아파서 그마저도 그냥 핸드폰으로 한글 해석만 달아 올렸다. 하루에 길면 20분, 보통은 10분. 그 짧은 공부가 습관이 되고, 일상이 된 것은 정말 부담이 없었기 때문이었다. 그렇게 1년이 훌쩍 지났다.

봄, 여름, 가을 그리고 다시 겨울이 왔다. 나는 계속 영어 《성경》을 한 줄, 두 줄 해석하고 있었다. 당시 《성경》 읽기에 도전한 것은 세 번째였다. 이전에는 항상 〈창세기〉에서 막혀서 좀처럼 진도가 앞으로 나가지 못했었다. 그런데 겨우 하루 10분으로, 안 나가던 진도가 쭉쭉 빠져 어느새 〈출애굽기〉에 접어들었다. 신기했다. 겨우 하루 10분 영어를 공부했을 뿐인데, 1년이 쌓이니까 이렇게 커다란 분량이 되어 있다니. 계산을 해보니 하루 10분이 1년 동안 쌓이면 60시간에 달하는 시간이었다. 새삼 작은 시간의 효과를 온몸으로 느꼈다.

그래서 나는 내가 그 습관을 몸에 익힐 수 있던 원인을 탐색하기 시작했다. 작은 시간이 어떻게 이렇게 꾸준히 쌓일 수 있었을까? 그것은 영어 공부를 하는 것이 부담이 없었기 때문이었다. 부담이 없으니 쉽게 습관이 될 수 있었다. 하루 10분. 보통은 아침에 일어나서 공부하고 인증했지만, 늦을 때는 밤에 자기 전에 인증하기도 했다. 나는 핸드폰만 있으면 언제든지 영어 공부를 할 수 있었다. 정 힘들 때는 딱 한 줄만 해석하고 인증하기도 했다. 언제든 할 수 있고, 분량의 부담이 없으니 얼마를 하건 상관없었다.

내 습관이 형성된 과정을 분석한 내용은 나의 좋은 무기가 되었다. 좋은 습관들을 몸에 장착할 수 있는 무기가. 그것을 정리하면 다음과 같다.

첫째, 준비가 짧아야 한다. 무언가를 시작하는데 준비가 오래 걸리면 지속하기 어렵다. 반대로 준비가 오래 걸리지 않으면 비교적 지속하기 쉽다. 내 영어 공부 준비는 무척 간단하다. 핸드폰을 손에 쥘 것! 그리고 핸드폰은 항상 내 손에 있다. 그러니 나는 언제든 영어 공부를 시작할 수 있는 환경을 만든 것이다.

둘째, 내용이 짧아야 한다. 오래 걸리는 무언가를 하려면 심적 부담이 온다. 책 한 권을 통독하라고 하면 손사래를 치는 사람들이 많다. 하지만 그런 사람도 인터넷 게시판에 있는 게시글 하나를 읽어보라고 하면 금방 읽는다. 일반적으로 300페이지 책 한 권에 포함된 글자 수는 20만 자 정도이다. 그러나 인터넷 게시글은 길어봐야 3천 자를 넘지 않는다. 그러니 게시글을 읽는 것은 크게 부담이 되지 않는 것이다. 내가 영어 공부를 꾸준히 할 수 있던 이유 역시 여기에 있다. 하루 한 줄만 해석하면 되는 것. 무척 짧으니 그만큼 쉽게 끝마칠 수 있었다.

셋째, 생산성 있어야 한다. 다른 말로 뿌듯함과 같은 긍정적인 기분을 주는 행동이어야 한다. 쉽게 접근하고 금방 끝낼 수 있는 행동이라도, '이

걸 왜 해야 해?'라는 생각이 드는 행동이라면 지속하기 쉽지 않다. 내 첫 습관인 '영어 공부'는 하루 작은 양을 해치우는 것만으로도 '오늘 할 일 했다!'라는 작은 뿌듯함을 주었다. 그런 긍정적인 피드백이 있어야 행동을 지속할 수 있다.

넷째, 같이 해야 한다. 온라인 스터디에 매일 인증을 하지 않았다면 나는 아마도 금방 영어 공부를 그만두었을지도 모른다. 서로 다른 이야기 없이 인증하는 글만 올렸지만, 그곳에 사진을 올리는 것이 일종의 '완료' 버튼을 누르는 것 같은 기분이었다. 또, 다른 사람들이 계속해서 인증 글을 올리니, 깜빡하고 있더라도 금방 하루 치 분량을 완료해서 올릴 수 있었다. 같이 하는 사람들이 서로에게 알람이 되고, 응원이 된 것이다.

이러한 내용을 알게 되자, 나는 이 방법으로 내 몸에 다른 여러 가지 좋은 습관들을 장착할 수 있겠다는 자신감이 생겼다. '부지런한 사람들'이 갖고 있을 습관들을 나도 가질 수 있겠다는 자신감이 생긴 것이다. 하루하루를 조금 더 충만하게 보낼 수 있겠다는 자신감이었다.

그 후로 나는 몇 가지 습관들을 내 몸에 장착하려고 시도했고, 시도하는 중이다. '영어 공부' 다음으로 몸에 장착한 습관은 '독서'였다. 하루 한 장, 매일 책 읽기. 이것으로 나는 한 달 평균 8권의 책을 읽고 있다. 독서를 하다가 부족함을 느껴 읽은 책에 대한 독후감도 꼬박꼬박 작성하기 시작했다. 각종 출판사의 서평단에도 참가하여 무료로 책도 받고 서평도 쓰고 있다. 그다음은 '책 쓰기'. 책성원이라는 모임에 가입해서 따로 또 같이 책을 쓰고 있다. 이렇게 하나의 습관이 몸에 익으면 또 다른 습관을 만들고 있다. 더 뿌듯한 하루하루를 만들기 위해서.

태생이 부지런한 사람들도 있을 것이다. 하지만 나처럼, 부모님도 모두 인정한 자타공인 게으름뱅이도 있다. 그런 사람들도 좋은 습관을 몸에 익히는 방법만 배우면 얼마든지 생산적인 하루하루를 보낼 수 있다.

습관을 만드는 데에는 커다란 노력이 필요한 것이 아니다. 엄청나게 힘든 역경을 거쳐야 하는 것도 아니다. 가볍게 시작하면 된다. 하루 10분. 습관을 만드는 데에는 그것으로 충분하다. 하루 10분 영어 공부로 시작하여 책까지 쓰게 된 나처럼, 많은 사람이 작은 습관들을 모아 좋은 하루들을 만들어 갈 수 있길 바란다.

영어교육에 힘써야 하는 이유

세상이 갈수록 편해지고 있다. 사람들이 직접 외우던 것들이 모두 핸드폰으로 들어갔다. 이제 사람들은 머리 아프게 공부하지 않아도 된다. 검색 창을 열고 검색어를 입력하면 정보가 딱딱 나온다. 언어도 마찬가지다. 옛날에는 두꺼운 사전을 들고 다녀야 했고, 그나마도 단어 단위로 찾아서 문장을 직접 조합해야 했다. 그러니 사람들은 언어를 공부해야 했다. 그러나 지금은 아니다. 구글, 파파고 등 다양한 인터넷 번역기가 이미지와 음성 메시지를 통으로 번역해준다. 앞으로는 더욱 편해질 것이다. 지금도 음성정보를 입력하면 바로 그 언어를 통역해주는 통역 프로그램들이 많다. 해외에 한 번 나갔다 온 사람은 알 것이다. 핸드폰만 있으면 의사소통이 어렵지 않다는 것을! 조만간 사람들은 핸드폰 없이도 쉽게 블루투스 이어폰 하나만 있으면 의사소통할 수 있을지도 모른다. 그런 미래가 바로 코앞으로 왔다.

이런 시대에 영어 공부를 시키다니! 너무나 부모 중심적인 생각이 아닐 수 없다. 2023년의 부모들은 수백만 원, 수천만 원을 들여 영유아 때부터 아이들을 영어유치원으로 보낸다. 아이들은 초등학교 입학하기 전부터 호주, 필리핀, 미국으로 조기유학을 떠난다. 비용 부담으로 그런 값비싼 교육을 해주지 못하는 부모들의 집에도 영어책이 한두 권은 있다. 유모차를 탄 아이와 함께 산책하는 부모님들의 입에서는 한국어 대신 유창한 영어가 흘러나온다. 언젠가 마트에 갔는데, 유모차에 돌이 되지 않은 아이가 타고 있었고, 아이 아빠가 그 유모차를 끌고 있었다. 그런데 그 아이 아빠의 입에서 더듬더듬 영어가 흘러나오는 게 아닌가. 그 아빠는 분명 한국인이었다. 그리고 돌도 되지 않은, 아직 기어다닐 법한 아이에게 영어로 마트에 있는 물건들을 설명하고 있었다.

당장 내 집에도 영어 원서가 책장을 한 칸 넘게 차지하고 있다. 아이들도 한국어 동요보다 먼저 영어 동요를 외웠다. "반짝반짝 작은 별"을 노래하기도 전에 "Twinkle twinkle little star"를 노래했다. 영어교육 과잉 시대다. 그런데 앞으로 다가올 미래에는 영어를 아예 몰라도 서로 의사소통이 가능할 것이다. 이 아이들이 성인이 될 때 즈음에는 귀에 끼는 작은 이어폰 하나가 세계 각국의 언어를 동시통역해줄 테니 말이다. 그렇다면 이러한 과잉 교육은 너무 불필요한 지출이고 부적절한 교육열 아닐까?

나는 감히, 이 질문들에 "No."라고 답하겠다.

각자의 가정에서 아이에게 영어를 가르치는 이유는 다를 것이다. 어떤 가정에서는 부모의 염원이 담겨 있을 수도 있겠다. 부모가 영어를 못해서 불편했던 기억들이 많으니, 적어도 자신의 자녀들은 영어로 인해 불편함을 겪지 않길 바라는 부모의 바람이다. 또 다른 가정에서는 부모의 경험이 녹아있을 수 있겠다. 부모가 영어를 잘해서 사회에서 많은 이득을 봤으므로, 자녀들도 영어를 잘하면 사회적으로 이득이 있을 것이라 기대하는 것이다. 혹은 부모의 영어 실력과 상관없이, 아이들이 영어를 공부하면 미래의 선택 폭이 넓어진다고 굳게 믿는 부모가 있을 수 있겠다. 영어를 할 수 있다는 것만으로도 아이들이 미래에 할 수 있는 일이 많아질 것이라 막연히 기대하는 것이다. 나는 마지막에 가깝다. 언어를, 특히 영어를 안다는 것은 아이들의 손에 만능열쇠 하나가 더 주어지는 것이라고 생각한다.

미래엔 외국인에게 "Hi. Nice to meet you.", "How are you?", "I am fine. Thank you. And you?"와 같은 일상의 대화를 하기 위해서는 블루투스 이어폰 하나만 있으면 될 것이다. 지금도 일상 속에서는 컴퓨터가 대부분의 언어 장벽을 허물고 있다. 항상 들고 다니는 스마트폰도 마찬가지이다. 인터넷에서 모르는 정보를 영어로 찾기 위해서는 구글에서 실시간 번역 버튼만 누르면 된다. 아직은 다소 비문이 많고 이상한 번역도 있지만, 실시간으로 그런 어색함이 교정되고 있다. 앞으로는 언어 장벽을 느끼지 못할 정도로 더 매끄럽고 빠르게 번역될 것이다. 사람들이 한 개 언어만 한다고 해서 다른 나라의 정보들을 찾지 못하는 시대는 지났다. 인터넷에 한글로 질문을 입력해도, 컴퓨터는 알아서 영어, 일본어, 중국어 문서를 국문으로 번역해서 가져온다. 그러니 미래에 언어 장벽으로 인해 선택의 폭이 좁아질 것이라는 생각은 기우에 가까울지도 모른다.

그러나 영어를 배운다는 것은 단순히 의사소통을 위한 언어를 하나 더 습득한다는 이야기가 아니다. 언어를 배움으로써 그 사람들의 문화를 체득한다는 것에 가깝다. 언어에는 그 언어를 사용하는 사람들의 생활과 사고방식이 녹아있기 때문이다. 그렇기에 언어를 배운다는 것은 그들의 생각하는 방식, 문화, 생활상을 이해하고 배운다는 의미이다.

그런데 왜, 하필이면 영어일까?

영어는 한국어와 어순도, 구조도 무척 다르다. 한국어는 주어를 따로 이야기하지 않아도 말이 통한다. 일상에서 문장을 말할 때 주어를 꼬박꼬박 이야기하는 사람은 없다. 글을 쓸 때도 마찬가지이다. 모든 문장에 일일이 주어를 달아 쓰는 사람은 없다. 흔히 두 사람이 만나서 대화할 때, 한국인들은 "밥 먹었어?"라고 묻는다. 대답할 때도 "어, 밥 먹었지."라고 답한다. 굳이 "안녕? 너는 밥을 먹었니?"라고 묻지 않는다. "어, 나는 밥을 먹었지."라고 대답하지도 않는다. 주어를 생략해도 의미가 통하기 때문이다. 그러나 영어에는 항상 주어가 들어간다. "Have you eaten yet?"이라고 묻고, "Yes, I have."라고 대답한다. 주어가 빠지면 문장이 제대로 만들어지지 않는다는 뜻이다.

그뿐일까? 영어는 주어에 따라 동사의 모양이 달라지는 독특한 언어이다. 한국어로 '사랑하다'라는 서술어를 사용한다고 생각해보자. 한국어에서는 사랑하는 주체가 나이건, 너이건, 제삼자건 모양이 똑같다. 그냥 '사랑한다.'라고 쓴다. 그러나 영어는 다르다. 영어는 주체에 따라서 'love'의 모양이 달라진다. 나와 네가 사랑할 때는 'love'가 되지만, 제삼자가 사랑할 때는 'loves'가 된다. 주어가 단수냐, 복수냐, 1인칭이냐, 3인칭이냐에 따라 동사의 모양이 다르다.

어쩌면 영어에는 그들이 개개인을 무척 중요시하는 문화가 묻어나오고 있는지도 모른다. 한국 사람들은 비교적 나와 남의 경계가 흐릿하다. 적당히 '우리'라고 합쳐서 표현하는 경우가 많다. 너와 나, 그리고 남의 경계를 딱딱 긋는 사람을 오히려 굉장히 냉정하다고 평가하기도 한다. 그러나 미국 사람들은 다르다. 언어에서부터 너와 나, 그리고 남의 경계를 분명히 가르고 있다. 그 선을 넘어가는 것은 굉장히 무례하다고 생각된다. 이렇듯 다른 문화와 생각의 차이를 언어를 배우면서 자연스럽게 습득할 수 있다. 그러니 영어를 배운다는 것은, 그들의 언어를 통해서 그들의 문화를 배우고, 그들의 생각을 배우고, 더 나아가 그것을 이해한다는 의미다.

영어권 사람들이 가장 배우기 힘든 말 중의 하나가 바로 한국어라고 한다. 영어와 한국어는 어순도 다르고, 명사를 세는 방식도 다르다. 영어에는 '관사'라는 한국어에는 없는 개념이 있기도 하고, 반대로 한국어에는 '조사'라는 영어에는 없는 개념이 있기도 하다. 이렇게 영어와 한국어는 언어의 스펙트럼에서 거의 대척점에 있는 언어에 가깝다. 그러니 영어권 사람들과 한국인들의 사고방식은 그만큼 다를 것이다.

한국어는 다채로운 꾸밈말이 많은 대신, 비교적 모호한 언어다. 수 개념도 모호해서 "그거 좀 줘봐." 할 때 '그거'가 하나인지 두 개인지 아니면 열 개인지 상황에 따라 다르다. 그러나 영어는 단수일 때는 'it', 복수일 때는 'them'으로 나누어 쓴다. 누군가는 영어로 말할 때는 "분명하게 지시하는 습관을 들이자."라고 하던데, 정말 맞는 말이다. 영어는 주어, 동사, 목적어, 그리고 수량을 명확하게 표현해야 하는 언어다.

그러니 영어로 표현을 하는 습관을 들이면, 비교적 명확하고 구체적으로 이야기하는 습관이 생길 것이라고 생각한다. 그들의 사고방식을 어느 정도 따라 하게 된다는 의미이다. 상황에 따라 한국식으로도, 미국식으로도 사고할 수 있게 된다는 의미이기도 하다. 이 두 가지 사고방식을 장착할 수 있다면, 생각을 정리할 때 필요한 좋은 도구를 두 개 손에 넣게 될 수 있으리라 기대한다.

언어는 그 사람의 사고를 규정한다고 한다. 한국어로 사고할 때와 영어로 사고할 때, 사고하는 방식이나 판단하는 것마저 언어의 영향을 받아 바뀌기도 한다. 그러니 언어 스펙트럼의 양극단에 있는 두 언어를 모두 배우면, 하나의 언어만 알고 있을 때보다 더 넓은 사고를 할 수 있게 될 것이다. 영어권의 사람들과 함께 살아가는 사람들은 두 문화가 매우 다르고, 그것이 언어에 직접 영향을 주고 있음을 경험하고 있다. 언어를 배움으로써 그러한 차이를 간접적으로 배우고, 그들의 문화 역시 배울 수 있을 것이다.

　세계화 시대이다. 그리고 그 정 중앙에 미국이라는 나라가 있다. 당분간은 미국을 중심으로 하는 시기가 계속될 것이다. 그러니 미국의 문화를 배우지 않고 세상을 살아갈 수 있다는 것은 굉장히 오만한 판단이다. 그리고 그것을 배우는 첫 단추가 바로 영어라고 생각한다. 그래서 영어를 배워야 한다. 영어를 바탕으로 더 많은 문화를 이해하고, 배우고, 다른 나라 사람들과 소통할 수 있게 되기를 바란다.

책 쓰는 엄마가 딸에게 하는 조언

챗-GPT가 세상을 바꾸었다. 최신 인공지능의 발달은 사람들의 글 쓰는 직업을 대체하고 있다. 인공지능은 기자들보다 한발 앞서서 최신 기사를 업데이트하고, 시나리오 각본을 짜며 작가들의 자리를 넘본다. 최근 미국 할리우드에서는 시나리오 작가들이 단체로 파업한다는 소식이 이슈다. 영화 제작사들이 챗-GPT와 같은 인공지능을 활용하여 작가들의 각본을 대거 수정, 각색한다는 이유에서다. 한국에서도 한 소설의 표지 일러스트가 인공지능이 만든 것임이 밝혀져 논란이 되었다. 이렇듯 창작의 범위마저 점차 인공지능에 넘어가고 있다. 인공지능은 이제 막 태동을 시작했다고 할 수 있다. 인공지능이 본격적으로 사람들에게 알려진 것은 10년이 채 안 되었다. 그런 인공지능이 벌써 토론도 하고, 글도 쓰고, 그림도 그린다. 더 시간이 지나면 어떤 일까지 할 수 있을지 상상할 수 없을 지경이다. 그런 시기에 글을 쓰고 책을 쓰라는 것은 굉장히 고리타분한 이야기로 들릴 수도 있겠다. '어차피 챗-GPT에 넣으면 바로 뚝딱 만들어 주는데 내가 글을 써 야 해?' 아마도 자연스럽게 이런 생각이 들 것이다. 이러한 시대에 작가가 된다는 것, 글을 쓴다는 것은 어쩌면 의미 없어 보일지도 모르겠다.

그러나 나는 글을 쓰고 책을 쓴다는 것은 먼 미래에도 굉장히 유익하고 유의한 활동일 것이라고 생각한다.

인류는 오랫동안 글을 이용해왔다. 간단하게는 사실을 기록하기 위해서 글을 썼다. 땅이나 농작물의 양을 측량하거나, 인구수를 측정하는 데에 사용한 것이다. 어떠한 내용을 전달하기 위해서 글을 쓰기도 했다. 법을 제정하거나, 신화를 기록하는 데에도 글이 사용되었다. 시간이 지나면서 글에 사람들의 창작과 상상력, 그리고 생각이 담겼다. 사람들은 글로 시를 쓰고, 이야기를 쓰고, 논리를 펼쳤다. 이렇게 글이 다양한 방식으로 사용되면서, 사람들은 글로 생각을 정리하고 다른 사람들에게 전달하는 다양한 방법들을 고민하고 발전시켜왔다. 어떻게 하면 좋은 문장을 쓸 수 있는지 끊임없이 고민하고, 그 내용을 발전시키고 기록하고 전승해왔다. 그 연구들은 모두 글로 남겨졌다. 그리고 이것들이 시대를 넘어 지금까지 전해 내려오고 있다. 글은 이렇듯 오랜 시간 시대를 뛰어넘어 생각을 전달하는 도구이다.

현대에도 사람들이 가장 사랑하는 철학자는 소크라테스와 플라톤일 것이다. 고대 그리스 시대에 살았던 그 두 사람의 철학을 지금까지 사람들이 배울 수 있는 이유는 무엇일까? "세상에서 가장 많이 읽힌 책은 《성경》이다."라는 이야기가 있다. 《성경》은 기원전부터 전승되어 온 이야기들을 집대성한 것이다. 이것들이 지금까지 전달될 수 있었던 이유는 무엇일까? 이들에 대한 비밀은 바로 '글이 가진 힘'에 있다.

말로 전달되는 민담은 쉽게 잊힌다. 구전하는 사람들에 의해 쉽게 각색된다. 마지막 구전 자가 사라지면, 민담 또한 사라진다. 한국에도 소실되고 있는 구전들이 너무나 많다. 그러나 책으로 쓰인 글은 수백 년을 넘어 전달될 수 있다. 원전을 거의 고스란히 보존한 채로, 수백 년을 넘어 그대로 후손에게 전달될 수 있는 것이다. 그래서 지금 한국에서 소실되고 있는 구전들을 연구가들이 글로 기록하여 남기고 있다.

글을 후손에게 남길 수 있는 가장 확실한 방법은 무엇일까? 그것은 바로 글을 책으로 내는 것이다. 책을 쓰면 후손에게 내 이야기를 전달할 수 있다. 책은 효과적으로 글을 보존하고 시간을 넘어 전승한다. 표지와 내지로 구성된 책은 전체가 불타지 않는 한은 쉽게 손상되지 않기 때문이다. 수십, 수백 년의 시간도 문제가 되지 않는다. 중간에 소실될 걱정도 적다. 심지어는 글을 아는 후손이 사라져도 괜찮다. 학자들이 잃어버린 글자들마저 복원하여 내용을 정리하고 있기 때문이다. 이렇듯, 글을 쓰고 책을 쓸 수 있다는 것은 시간을 뛰어넘어 후손들에게 지금의 내 이야기를 오롯이 전달할 수 있게 된다는 뜻이다.

시간을 뛰어넘는 기록의 도구였던 글은, 이제는 공간을 뛰어넘는 도구로도 사용되고 있다. 사람들은 SNS에 길고 짧은 글을 올려 일상을 공유한다. 글을 써서 서로의 생각을 나누고, 온라인상에서 토론하기도 한다. 여기에 시간적 제약이나 공간적 제약은 없다. 오늘 아침에 올린 글을 저녁에 누군가 확인하여 추가로 의견을 남기기도 하고, 캐나다 토론토에 있는 사람과 한국 서울에 있는 사람이 서로 글을 통해 의견을 교환하기도 한다. 글을 잘 쓸 줄 아는 능력이 있다는 것은, 시간과 공간의 제약을 뛰어넘어 사람들에게 자신의 의견을 전달할 수 있는 능력이 있다는 것을 의미한다.

앞으로 사람들의 활동 범위는 더욱 넓어질 것이다. 단순히 지구 위에서가 아니라, 우주 밖으로까지 사람들의 활동 범위에 포함될 것이다. 일론 머스크의 스페이스X는 화성을 테라포밍(화성, 금성 등의 행성을 개조하여 인간의 생존이 가능할 수 있게끔 지구화하는 과정)하려고 연구개발을 하고 있다. 지속해서 우주선을 외부로 쏘아 올리고 있고, 스타링크 등의 위성도 쏘아 올리고 있다. 우리나라도 달로 사람을 보내기 위한 노력을 계속해서 하고 있다. 지금도 우주에는 우주 비행사들이 근무하고 있다. 지구 밖의 세계란 이것은 아직 전문가들의 일이고, 특별한 일이지만, 그 범위가 점차 일반인에게까지 넓어지고 있다.

내 아이들이 크면 화성에 자유롭게 다녀올 수 있을까? 모르겠다. 그러나 언젠가 우주에 사람들이 살게 된다는 건 정해진 미래가 아닐까 싶다. 어쩌면 정말로 우리 아이들은 화성에 있는 화성인들과 글로 의사소통하게 되는 날이 올지도 모른다.

그렇다면 미래에도 글을 써야 하는 이유는 무엇일까? 사람들은 이제 말로, 동영상으로 의사소통할 수 있다. 화성으로, 먼 미래로 이야기를 전달하기 위해 꼭 글을, 책을 써야 하는 것은 아니다. 글을 쓰는 복잡한 일은 인공지능에 맡기고, 우리는 간단하게 말로 의사소통하면 되는 것 아닐까? 나는 그 질문에 "그렇지 않다."라고 말하겠다.

글이란 생각을 꺼내놓는 가장 시각적인 도구다. 작가는 글을 읽는 가장 첫 번째 독자라는 말이 있다. 영상이나 음성 메시지와 달리, 글은 글쓴이가 글을 쓰면서 실시간으로 읽으며 기록하는 매체이다. 내가 쓴 글을 내가 읽으며 곰곰이 생각을 정리할 수 있는 것이다. 음성 또한 청각을 통해 인지할 수 있지만, 그 음성을 듣는 순간은 아주 짧다. 그리고 이미 뱉은 말을 다시 편집하기도 쉽지 않다. 중간에 수정하면 그 내용이 바로 눈에 띈다. 하지만 글은 한 번 써놓으면 계속해서 반복적으로 볼 수 있다. 수정하기도 쉽다. 수정 전, 후도 자연스럽다. 이상한 부분이 있으면 쓱쓱 지우고 다시 쓰면 되는 것이다. 작가는 그렇게 자기 생각을 빈칸에 꺼내놓으면서 계속 들여다보고, 수정하고, 발전시킬 수 있다. 이것은 영상 매체나 음성 매체는 가지지 못한 글만의 특성이다.

그뿐만이 아니다. 글을 조리 있게 쓰기 위해서 글을 쓰는 사람은 무척 많은 자료를 모으고 깊이 있는 생각을 해야 한다. 글은 앉은 자리에서 뚝딱 떠오르는 것이 아니다. 하나의 글을 쓰기 위해서는 그 글의 10배가 넘는 글을 읽고 자료를 숙지해야 한다. 혹자는 "책 한 권을 쓰기 위해 같은 분야의 책을 30권 이상 읽어야 한다."라고 이야기하기도 한다. 하나의 글 혹은 책을 완성하기 위해서는 그의 몇십 배에 해당하는 자료를 완전히 소화하고 있어야 한다는 의미다. 이렇듯 방대한 내용을 모두 숙지하고 자신의 것으로 정리해 글을 쓰는 과정에서, 저자는 스스로 무척 많은 공부를 하게 된다. 한 분야에 책을 써낸 사람이라면 그 분야에 대해 전문가가 될 정도로 깊이 있는 지식을 얻게 된다는 의미이다.

이렇듯 글을 쓰거나 책을 쓰는 것은 다양한 능력이 필요하다. 그런데 그 능력을 개발하기 위한 가장 좋은 방법 역시 글을 쓰는 것이다. 글 하나를 쓰기 위해서는 많은 자료를 정리하고, 그 자료에 자기 생각을 추가하고, 그것을 바탕으로 다른 사람을 설득하는 내용을 쓰는 일련의 과정이 필요하다. 이 과정에서 자연스럽게 자료 수집 능력, 글 쓰는 능력, 논리력 등이 개발된다. 챗-GPT가 나보다 좋은 글을 써줄 수는 있지만, 이러한 능력을 대신 개발해주지는 않는다. 따라서 인공지능 시대에도 글을 쓰거나 책을 쓰는 능력은 여전히 중요하다고 할 수 있다.

인공지능은 사람이 하는 역할의 많은 부분을 대체할 것이다. 기계가 노동을 대신에 하고, 인공지능이 창조적인 작업을 대신에 할 수도 있다. 그러나 인공지능이 내 생각을 대신에 해주지는 못한다. 내 생각을 오롯이 전달할 수 있는 사람은 나밖에 없다. 그리고 그 생각을 정리하고 표현하는 가장 쉬운 방법이 바로 '글'이다.

그래서 당신이 글을 썼으면 좋겠다. 글로 자신을 표현하는 방법을 알았으면 좋겠다. 당신의 생각을 가장 논리적으로 조리 있게, 시대와 공간을 뛰어넘어 전달할 수 있는 방법은, 바로, 글이다.

문해력을 키우도록 노력해라

　요즘 종종 아이들의 어휘력이 뉴스거리가 되고 있다. 자주 사용하는 외래어가 한자어에서 영어로 빠르게 넘어가고 있는 시기이다. 그래서인지 영어 단어에는 익숙한 학생들이 반대로 한자어는 많이 어려워한다. 그 때문에 몇 가지 재미있는 에피소드들이 생겨났는데, 그것이 뉴스까지 나올 지경이다. "고지식하다(성질이 외곬으로 곧아 융통성이 없다)."라는 말을 "지식이 높다."라고 생각하여 칭찬으로 듣는다던가, "이지적이다(용모나 언행에서 이성과 지혜가 풍기는 것)."를 "이지(easy)적이다."라고 생각하여 "쉬워 보인다."라는 좋지 않은 발언으로 듣는다던가 하는 내용이다. "상이하다(서로 다르다)." 같은 서술어라던가, "상흔(상처를 입은 자리에 남은 흔적)", "예기(끝이 뾰족하거나 날이 예리한 물건)" 같은 명사는 이제 어려운 말이 되었다. 다른 말로 사어(죽은 말)가 되고 있다는 뜻이다.

구어체의 시대이다. 영상 매체로 공부하고 일상을 공유하는 사람들이 늘어나면서 책들도 되도록 쉬운 말, 우리가 일상에서 쓰는 말로 쓰이는 경우가 많다. 선배 작가들도 문어체보다는 구어체, 입말, 쉬운 말로 쓰라고 조언한다. 그러니 점점 어려운 한자어는 쉬운 입말에 자리를 내주고, 널리 쓰이는 영어에 밀리고 있다. 쉬운 말만 써도 의미는 전달되기 때문이다. 오히려 어려운 말로 덕지덕지 화려하게 장식한 글은 외면받는 시대이다.

그런 시대에 "문해력을 키워야 한다."라는 말은 굉장히 뒤떨어진 이야기로 들릴지도 모르겠다.

문해력이란 무엇일까? 가볍게는 '문장을 해석할 수 있는 능력'을 뜻한다. 문장의 의미를 이해할 수 있다는 뜻이다. 조금 더 깊게 들어가면 '문장이 뜻하는 바를 정확하게 이해하는 능력'이다. 이 말은 조금 어렵다. '문장을 해석하는 것'과 '문장이 뜻하는 바를 정확하게 이해하는 것'은 무엇이 다를까?

"견지망월(見指忘月)"이라는 말이 있다. 불교에서 전해 내려오는 이야기다. 한 불교 신자가 명성이 높은 승려를 찾아가 가르침을 달라고 요청했다. 그러자 승려는 "나는 글을 알지 못합니다."라고 말했다. 깨달음을 배우고 싶어 찾아갔던 불교 신자는 승려가 글도 모른다고 하니 당연히 실망했다. 실망한 신자에게 승려는 이렇게 말했다. "진리는 하늘에 있는 달과 같습니다. 문자는 달을 가리키는 손가락과 같지요. 손가락으로 달을 가리킬 수 있지만, 손가락이 없다고 하여 달을 보지 못하는 것은 아닙니다." 그리고 이렇게 덧붙였다. "달을 보라고 손가락을 들었는데, 달은 보지 않고 손가락만 쳐다보는 것과 같네요."

고사에 나오는 '견지망월'이라는 말을 그대로 풀어쓰면 승려가 말한 "달을 보라고 손가락을 들었는데, 달은 보지 않고 손가락만 쳐다본다."라는 뜻이다. 이것은 문자가 의미하는 바만 그대로 이해하는 것이 아니라, 문자가 이야기하는 속뜻을 이해해야 한다는 이야기다. 문해력이 약하다는 것은 이 이야기의 겉뜻만 이해한다는 뜻이다. "견지망월"의 겉뜻만 이해하면 이런 의문이 따라온다. '손가락만 쳐다본다는 게 무슨 뜻인데?' 그래서 "견지망월"이라는 고사는 그 속뜻을 알아야 제대로 이해했다고 할 수 있다. 겉으로 드러난 의미만 이해하지 말고, 그것이 가리키는 본질을 볼 수 있어야 한다는 의미다. 문해력이 있다는 말은 그런 뜻이다.

나는 요리를 잘하지 못한다. 가정주부가 요리를 못 한다니, 가족에게 있어서 이 같은 비극이 있을 수 없다. 어머니께 조언을 구하면 종종 "너는 간을 너무 약하게 해서 그래."라고 말씀하신다. 음식에 간을 하는 방법은 소금을 첨가하는 것 외에도 다양한 방법이 있다. 음식 종류에 따라 간장을 넣어야 하기도 하고, 젓갈을 넣는 것이 더 좋을 때도 있다. 문제는 내가 완성될 음식에 어떤 맛이 부족할지 잘 알지 못한다는 것이다. 그러니 무엇을 넣어야 할지 매번 헤매고, 종종 싱거운 음식을 만들어낸다. 반면 남편은 내 음식의 맛을 보고는 쉽게 척척 이것저것 적절한 재료를 넣어 간한다. 그리고 이렇게 말한다. "완성될 음식의 맛을 생각하면 어떤 걸 넣어야 할지 알 수 있어." 완성될 음식의 맛을 더듬어 부족한 재료를 찾아야 한다니, 내게는 너무 어려운 일이 아닐 수 없다.

문해력 이야기를 하는데 왜 갑자기 요리 이야기냐고? 문해력이 있다는 것이 이와 비슷하기 때문이다. 다양한 재료들의 맛을 알고 그 재료들이 어울려졌을 때 어떤 맛이 날지 알 수 있는 능력이 말이다. 다양한 단어들의 뜻을 알고 그 단어들이 문장으로 연결되었을 때의 속뜻까지 이해하는 능력이 있다는 것, 이것이 바로 문해력이 높다는 말의 의미이다. 그렇기에 문해력에서 어휘력은 떼려야 뗄 수 없는 관계이다. 각 단어의 의미를 정확하게 알고, 다양한 뜻이 있는 단어가 문장 내에서 사용될 때 어떤 의미로 사용되었는지 이해하는 것이 선행되어야 한다. 그리고 그렇게 만들어진 문장이 최종적으로 어떤 의미가 있는지를 알 수 있어야 한다.

요리 실력이 없는 요리사가 요리하면 음식이 맹맹해진다. "간이 싱거워."라는 이야기를 들으면 '싱거울 때는 소금을 넣어야지.'라는 단순한 생각밖에 하지 않는다. 음식이 싱거울 땐 소금, 진간장, 조선간장, 된장, 액젓 등으로 간을 더할 수 있지만, "간이 싱거워."라는 이야기만 듣고 다른 재료와의 조합을 생각하지 않고 소금만 넣는 것이다. 그러나 요리 실력이 있는 요리사는 "간이 싱거워."라는 이야기를 들으면 먼저 요리를 본다. 내가 끓이는 것이 된장찌개인지, 김치찌개인지 아니면 미역국인지에 따라 적절한 재료를 넣는다. 그래서 더욱 풍부한 맛을 내는 요리가 완성된다. "간이 싱거워."라는 표현은 견지망월에서 '손가락'에 해당하는 부분이다. 완성될 요리인 '달'에 가기 위해 '손가락'을 들어 "싱겁다."라고 표현하는 것이다. 그러나 요리를 못하면 손가락만 본다. 그리고 싱겁다는 문제를 해결하기 위해 단순하게 소금을 넣는다. 그러나 능숙한 요리사는 다르다. 그는 손가락이 아니라 달을 본다. 완성될 음식을 생각하며 적절한 재료를 더한다. 그러니 요리의 완성도가 달라지는 것이다.

문해력을 키운다는 것도 달을 바라본다는 의미다. 어휘력을 무기로 장착하여 다양한 손가락이 가리키는 달을 정확하게 꿰뚫어 볼 수 있는 능력이 있다는 의미다. 문해력은 기본적으로 문자와 문장을 해석할 수 있는 능력이기에, 문해력이 높으면 일단 책을 이해하기 쉬워진다. 어려운 책들도 척척 읽어낼 수 있는 배경에는 좋은 문해력이 있다.

그렇다면 일상에서는 어떨까? 문해력이 단순히 어려운 책을 읽어내는 데에 필요한 능력이라면, 책을 읽기 싫어하는 사람들은 굳이 문해력을 키우지 않아도 되는 것 아닐까? 꼭 그렇지만도 않다. 문해력이 좋으면 일상생활에서도 다양한 도움을 받을 수 있다.

요즘에는 직접 조립하는 가구가 대세다. 아무래도 직접 조립하는 가구는 통으로 만들어진 가구들보다 부피가 작고 가벼워서 배송받기도 좋다.

그리고 조립비가 포함되지 않으니 비교적 저렴하다. 이런 가구들은 직접 조립해야 하므로 설명서들이 들어있다. A, B, C… 이렇게 알파벳으로 부품들에 이름이 붙고, 어떤 순서로 조립해야 하는지 그림과 함께 글로 설명되어 있다. 문해력이 좋은 사람은 이 순서를 금방 이해하고 적용할 수 있다. 이뿐만이 아니다. 글로 많이 배포되는 신문 기사, 뉴스 등을 빠르게 읽고 해석하는 데에도 당연히 도움이 된다. 아무리 어렵고 딱딱하게 쓰여 있어도, 글을 잘 읽는 사람인데 무슨 문제가 되겠는가?

영상 매체가 발달한 시대이지만, 그래도 많은 정보가 여전히 글로 전달된다. 글로 된 정보와 지식을 자유자재로 흡수할 수 있다는 것은, 영상 매체만으로 정보를 받는 것과 비교하여 커다란 이점이 있다. 그것은 바로 글은 '발췌독'이 가능하다는 점이다. 영상 매체는 영상 제공자가 제공하는 속도에 영향을 받을 수밖에 없다. 원하는 정보를 빠르게 스캔하여 보는 것은 거의 불가능하다. 1.5배속, 2배속 등으로 배속하여 보더라도, 영상의 속도에 영향을 받는 것을 피하기는 어렵다. 그러나 글은 그렇지 않다. 글은 읽는 사람이 자유자재로 속도를 조절할 수 있다. 글을 읽는 훈련을 받은 사람이라면 더더욱 효율적으로 정보를 뽑아낼 수 있다. 그러니 문해력이 높은 사람, 글을 읽는 데에 큰 어려움이 없는 사람은 쉽고 빠르게 일상생활에서 다양한 정보와 지식을 얻을 수 있는 것이다.

문해력이 있다는 것은 유리한 일이다. 정보의 홍수 속에서 다양한 정보를 빠르게 받아들일 수 있는 핵심 능력이 바로 문해력에 있다. 문해력이란 많은 글을 빠르게 추리더라도 정확히 이해할 수 있는 능력이기도 하다. 문자를 몰라도 달을 볼 수는 있지만, 문자를 알면 달을 가리키는 손가락을 더 빨리 찾을 수 있다. 망망대해 같은 밤하늘에서, 달이 어디 있는지 도통 알 수 없을 때, 수많은 손가락이 가리키는 방향을 정확히 읽어낼 수 있다면 누구보다 빠르고 손쉽게 달을 찾을 수 있을 것이다.

영상 매체가 대중화된 미래 사회에서도, 글의 중요성은 퇴색하지 않을 것이다. 글은 과거에도 현재도, 그리고 미래에도 널리 쓰일 중요한 도구이다. 그런 글을 자유자재로 다루기 위해서는 문해력을 키워야 한다. 다양한 지식이 글로 창조되었으며, 여전히 창조되고 있다. 문해력이 높은 사람은 다른 사람들이 쌓아 놓은 지식을 쉽게 습득할 수 있다. 핵심을 쉽게 파악할 수 있기에, 정보 습득에 필요한 시간이 압도적으로 줄어든다. 그리고 그렇게 습득한 지식을 이용해 더 빠르게 앞으로 나아갈 수 있다.

그러니 문해력을 키우자. 문제의 본질에 다가가기 위해서 문해력을 키우자. 수박의 겉만 핥지 말고, 속까지 알차게 먹기 위해 문해력을 키우자. 그러면 언젠가 목적지를 발견했을 때, 많이 헤매지 않고 쉽게 목적지를 찾아갈 수 있는 능력을 갖출 수 있을 것이다.

내가 실패했다고 생각될 때

삶이 언제나 평탄한 길로만 쭉 뻗어 있다면 좋겠다. 쭉 뻗은 고속도로에서 나 홀로 스포츠카를 타고 달리듯, 앞에 아무런 장해물 없는 시원한 대로로만 달려갈 수 있다면 좋겠다. 그러나 삶은 그렇지 않다. 때때로 삶은 우리를 커다란 구덩이에 던져버린다. 혹은 드높은 산으로 앞길을 가로막거나. 분명히 쭉 뻗은 대로일 거라고 생각하고 달리고 있었는데, 갑작스럽게 길이 끊기고 낭떠러지로 연결되기도 한다. 나는 두 발로 열심히 뛰어가고 있는데, 옆에서 누군가는 비행기를 타고 편안하게 날아가고 있는 것을 보게 될지도 모른다.

그럴 때 사람은 종종 좌절하게 된다. 혹은 내 인생은 실패한 인생이라고 생각하며 우울감에 빠질 수도 있다. 좌절감과 우울감에 그대로 주저

앉아 더는 달릴 힘을 찾지 못할 수도 있겠다.

나는 충분히 굴곡 없는 평탄한 인생을 살아왔다고 생각하지만, 그럼에도 제법 평범하지는 않은 길을 달리고 있다. 고등학교를 마치고 첫 대학을 입학할 땐 부모님의 강요로 원치 않는 분야에 진학해야만 했다. 간호학과였다. 나는 책을 무척 좋아했던 터라 국문학과에 진학하고 싶었다. 국문학과에 가면 책을 쓰는 방법을 배울 수 있지 않을까 막연히 기대했고, 더불어 작가가 되고 싶었기에 국문학과를 희망했다. 그러나 부모님이 보시기에 국문학과의 취업률은 무척 낮아 보였고, 미래가 불투명해 보였던 모양이다. 반면에 간호사는 언제나 취직이 보장되고, 월급도 낮지 않은 여성 전문직이었다. 그러한 이유로 부모님은 내가 간호사가 되길 원하셨다.

나는 나를 잘 알고 있다. 간호사란 내게 정말 맞지 않는 직업이다. 간호사란 사람들을 사랑하고 존중하는 마음으로 돌봄을 제공해야 하는 직업이다. 그러나 나는 사람들에게 큰 관심이 없었다. 애초에 학창 시절 같은 반 친구들의 얼굴조차 제대로 기억하지 못할 정도로 사람에게 관심이 없는 내게, 간호사가 되어 사람들에게 돌봄을 제공하라는 것은 정말 너무나 어려운 요구였다.

또 다른 문제도 있었다. 간호학과의 공부는 이해를 잘하는 것보다는 암기를 잘하는 능력이 더 요구된다. 약을 하나 공부할 때도, 하나의 약의 약리작용과 그 작용 기전을 자세하게 공부하여 인체에 어떤 효과가 있고 부작용은 왜 일어나는지 공부하는 방식이 아니다. 그렇게 공부하려면 하나의 약을 깊이 있게 공부해야만 한다. 그러나 간호사에게 요구되는 능력은 하나의 약을 깊이 있게 아는 것 이전에, 최대한 많은 종류의 약을 일단 외우는 것에 가까웠다. 나는 암기에 정말 약하다. 어떠한 것을 외우려면 그 내용을 충분히 이해해야 암기할 수 있다. 선 이해, 후 암기로 공부해야 하는 사람이다. 그런 내게 이해력보다 암기력이 중요한 간호학과의 수업은 너무나 어려웠고, 이해가 되질 않으니 재미도 없었다. 그러니 학교에 다니는 것이 지옥 같았다. 내 인생이 이렇게 엉망진창인 것은 진로를 멋대로 결정한 부모님의 탓이라며 엇나가기도 했다. 결국, 나는 간호사 면허 정도만 취득하고 간호사가 되는 길은 포기했다.

기나긴 부모님과의 냉전 끝에, "나는 공부를 더 하고 싶어요!"라고 소리치며 기초과학 분야로 편입하여 다시 대학 생활을 시작했다. 생물학과였다. 원리에 초점을 맞춘 강의는 재미있었고, 공부하는 시간은 항상 기다려졌다. 스스로 수업 내용을 복기하고, 유튜브에서 영어 강의를 찾아서 공부하기도 했다. 매일같이 밤을 새고 스터디를 해도 괴롭지 않고 오히려 재미있었다. 다니는 내내 정말 즐거웠다.

그런데 이번에는 나이가 내 발목을 잡는 것 같았다. 나는 학부를 졸업한 후에 짧지만 직장생활을 한 후에 다시 학부로 돌아온 상태였다. 같이 공부하는 학생들 사이에서 나이가 많은 편이었다. 적게는 4살, 많게는 5살도 넘게 차이가 나는 친구들과 공부를 해야 했다. 심지어 그 친구들은 고등학교에서 이미 관련 분야를 공부하고 들어온 친구들이었는데, 나는 해당 분야가 완전히 처음이었다. 고등학생 때 국문학과를 꿈꾸며 문과로 진학을 한 탓이다. 그래서 항상 자신을 스스로 그 친구들과 비교할 수밖에 없었다. '나보다 어리고 머리 좋은 친구들이 저렇게 열심히 공부하고 있는데, 과연 내가 뒤늦게 이 분야에서 성공할 수 있을까?' 항상 그런 걱정이 꼬리처럼 나를 따라다녔다. 결국, 나는 그 분야에서 계속 공부하는 것도 포기해버렸다. 그들의 능력과 비교하면 나는 너무나 보잘것없는 것 같았다.

이런 내 인생을 누군가는 실패한 인생이라고 부를지도 모른다. 20대를 대학교에 오롯이 투자하고도 결국 아무런 결실도 얻지 못했다고 말이다. 싫은 것과 무서운 것을 피해서 도망치는 도망자의 인생이라고 손가락질할지도 모른다. 그러나 나는 그 경험들도 돌이켜보면 필요한 경험이었고, 또한 즐거운 경험이었다고 생각한다.

처음 공부한 분야는 내가 원치 않는 분야였다. 직장생활 역시 나와는 체질적으로 맞지 않는다고 느껴서 금방 그만두었다. 그러나 그 경험은 내가 필요할 때 언제든지 직장으로 돌아갈 수 있다는 자신감의 원천이 되었다. 나는 지금도 내가 당장 일하러 가면, 성공적인 삶을 살 수는 없을지도 모르지만 적어도 나와 내 가족의 입에 풀칠은 할 수 있을 것이라는 생각은 한다. 부모님이 내가 그 분야에서 획득하길 바라셨던 경제력은 제대로 갖고 나온 것이다.

뒤늦게 공부한 분야는 내가 원하는 공부를 실컷 해볼 수 있게 해주었다. 생물학은 내가 항상 궁금해했던 분야다. 그러나 아는 것이 없기에 오히려 어떻게 공부해야 할지, 어떤 것을 알아야 할지 모르던 분야이기도 했다. 나는 생물학 학부에 편입하여 2년 반을 공부했는데, 덕분에 이제는 그 분야에서 쏟아지는 논문을 어느 정도 이해할 수 있는 능력을 주었다. 새로운 안경을 갖게 된 것이다.

모든 실패는 경험이고 자산이다. 그리고 실패했다는 것은 그 분야에 온몸을 던져 부딪혀본 경험이 있다는 것을 의미한다. 바위에 온 몸을 던지면, 온몸이 깨질 수도 있다. 그러나 동시에 그 바위가 얼마나 단단한지 온몸으로 터득하게 된다. 바위에 몸을 던져보지 않은 사람은 그 바위가 얼마나 단단한지 알 수 없다. 그저 눈으로 바라만 보면서 '저 바위는 단단해. 나는 깨지 못할 거야.'라고 걱정만 할 뿐이다. 바위의 강도를 알 수 있는 것은 오로지 그 바위에 직접 몸을 던져본 사람들뿐이다. 게다가 혹시 아는가? 그 경험이 다음에 다른 바위에 부딪힐 때 그 바위를 깨뜨려버리는 밑바탕이 될 수 있을지. 바위에 몸을 던지지 않으면 바위를 깰 수도 없는 법이니 말이다.

실패하면, 좌절하면, 당장은 벗어나기 어렵다. 실패한 내 옆에서 신나서 달려가고 있는 혹은 날아가고 있는 사람을 발견할 때는 더더욱 그렇다. 내가 겪은 실패는 다른 사람들에게는 아무것도 아닌 것 같고, 내 앞에 놓인 장애물이 다른 사람들에게는 쉽게 넘을 수 있는 자갈같이 느껴질 수도 있다. 이렇게 작은 장애물에 넘어진 내가 한심해 보이고, 형편없이 느껴질 수도 있다. 그런 사람들에게, "모든 실패는 경험이고, 네가 도전했던 증거야."라는 말이 도움이 되지 않는다는 것 또한 알고 있다.

그럴 때는 그냥 쉬라고 말해주고 싶다. 인생은 긴 마라톤과 같다. 그 긴 길을, 쉼 없이 달려가야 한다고 말하는 것도 잔인한 일이다. 자신의 속도에 맞추어서 천천히 걷기도 하고, 장애물에 걸려 넘어진 자리에서는 그냥 주저앉아 실컷 울어도 보고, 후회를 해봐도 좋다. 그대로 발라당 드러누워서 비행기를 타고 날아가는 사람들을 구경해도 좋고, 하늘을 마냥 올려다봐도 좋다. 때때로 삶에는 휴식도 필요하다.

에너지는 어느 정도 총량이 있다. 그리고 그 에너지는 무한정 솟아나지 않고 지속해서 소모된다. 특히 목표를 향해 빠르게 달리고 있는 중에는 더더욱 빠르게 에너지가 고갈된다. 실패했다고 생각하는 순간은 열심히 공들인 탑이 무너졌다고 여겨질 수 있어 감정적으로 더 힘들 수 있다. 열심히 달리다가 장애물에 걸려 넘어지면, 빠르게 달려가던 만큼 더 아픈 법인 것이다.

그럴 때는 한 템포 쉬어가는 지혜가 필요하다. 도전과 실패에서 한 발짝 멀어져서, 머리를 비우고 충전하는 시간을 가져야 한다. 충분히 쉰 다음에야만이 실패를 돌아보고 실패의 원인을 찾아볼 여유가 생긴다. 실패했다는 것이 패배했다는 뜻은 아니다. 실패란, 패배가 아니라 한 번 쉬어가면서 여유를 갖고 더 좋은 방향으로 나아갈 고민을 해야 할 시기라는 뜻이다. 그러니 실패했을 때는 조금 여유를 갖고, 쉬자. 다시 기운을 차리고 달릴 여유가 생길 때까지, 충분히 쉬어도 좋다.

삶은 언제나 사람들에게 좋은 것만을 던져주지는 않는다. 아니, 오히려 어려운 것들, 싫은 것들을 더 많이 던져준다. 사람은 나아가기 위해서는 항상 도전해야 하고, 어려운 것과 싫은 것을 극복해야 한다. 그러나 모든 사람이 그 길 위에서 성공하는 것은 아니다. 어떤 시련은 태산같이 높아만 보이고, 어떤 시련은 심해같이 깊어 보인다. 도저히 극복할 수 없을 것 같다. 그렇기에 그것을 극복한 사람들의 성공담이 대단해 보인다. 동시에 나는 도저히 그 사람들처럼 성공할 수 없을 것만 같이 느껴진다. 내 인생은 실패한 인생이고, 내 인생은 패배자의 인생인 것처럼 느껴질지도 모른다.

그러나 실패란 성공에 도달하는 또 다른 길을 찾아가는 하나의 과정일 뿐이다. 모든 실패가 그저 실패로만 남아있지는 않는다. 도전하는 사람이 그대로 주저앉아 모든 것을 포기하지만 않는다면, 언젠가는 누구라도 그 역경을 극복해 낼 수 있다고 믿는다. 모든 삶에는 그 삶만이 가질 수 있는 가치가 있고, 그 삶만이 가질 수 있는 독특함이 있다. 그것에서 가치를 발견하고 실패를 단지 실패로만 남겨두지 않는 것은 당사자만이 할 수 있는 깨달음이다. 실패의 좌절감에서 벗어났을 때, 그 실패가 단순한 실패가 아니었음을, 알게 되었으면 좋겠다.

후회하지 않는 인생을 살아라

어릴 적, 내 좌우명은 "후회하지 않기."였다. 지금 돌이켜보면 딱히 좌우명과 어울리게 살아온 것 같지는 않다. 실수도 많이 했고, 방황도 했고, 부모님과 싸우기도 했고, 부모님 가슴에 대못도 박아봤다.

특히나 부모님과 가장 크게 부딪혔던 부분은 진로와 관련된 일들이었다. 부모님은 내가 언제든 무리 없이 취직할 수 있는 학과에 진학하길 원하셨고, 나는 내 꿈을 펼치고 싶었다. 적당히 무난한 성적을 갖고 있었기에, 큰 무리 없이 간호학과에 진학할 수 있는 큰딸은 부모님께는 다행이었던 것 같다. 내가 수능을 보던 시절은 정시로 가, 나, 다군을 선택할 수 있었는데, 부모님은 그 세 대학을 모두 간호학과로 쓰길 원하셨다. 당시나는 국문학과에 진학하길 원했고, 그것으로 원서 접수 기간 내내, 그리고 간호학과 다니는 4년 내내 싸웠다. 중요한 실습 기간에 멋대로 결석하고, 시험에서 씨를 뿌리고 다니던 배경에도 아마 그러한 원망이 있었던 듯싶다.

돌이켜 생각해보면 조금 더 조율할 방법이 있지 않았을까 싶다. 부모님도 그 부분에 대해서 후회하고 있으시고, 나도 그때의 내 행동들을 후회하고 있다. 물론 그렇다고 해서 당시의 내가 부모님을 사랑하지 않았다거나, 이제는 부모님을 사랑하지 않게 된 것은 아니다. 당시의 부모님께는 그것이 최선이었다는 것을 이제는 이해하게 되었기 때문이다. 그래서 지금은 부모님과의 관계가 어떠냐고? 그 당시엔 서로 별수 없었다는 것은 인정했고, 지금은 무척 좋아졌다.

간호학과를 졸업하고, 생물학과에 편입했던 때였던 것 같다. 문득, 내가 꽤 나이가 들었다는 것을 실감했다. 같이 강의를 듣는 학생들이 전부 동생이었기 때문도 있을 것이다. 혹은 내 친구들은 이미 모두 취직해서 자신의 경력을 쌓고 있었기 때문도 있을 것이다. 정신을 차려보니 어느새 20대 중반을 훌쩍 넘었다. 부모님도 꽤 나이가 드셨다. 그런데 그 시기에 갑자기 이런 생각이 들었다. '엄마랑 아빠도 나이가 많이 드셨구나.', '그런데 이대로 부모님이 떠나가시면 내가 되게 후회하지 않을까?' 다시 돌이켜보면 되게 뜬금없는 시기였다. 누군가 크게 아픈 것도 아니었고, 부모님도 한창 현역이셨고, 나도 겨우 20대 중반이었다. 어머니는 건강 관리를 위해 한창 등산을 시작하실 때고, 아버지야 항상 젊게 사시는 분이시다. 그러니 무척 엉뚱한 생각이긴 했다. 그런데 그 생각이 나를 바꾸었다.

본디 나는 나를 잘 표현하는 편은 아니었다. 그것은 부모님께도 마찬가지여서, 어머니는 어릴 적 나를 돌이켜 "너는 그때는 학교에서 있었던 일도 잘 이야기를 안 했어."라고 회상하셨다. 그런 내가 바뀌었다. 먼저 부모님께 "사랑해요."라고 표현하고, 포옹했다. 천안에 있는 집과 대전에 있는 학교를 매일 통학할 수는 없기에, 나는 기숙사 혹은 자취방에 살며 주말마다 집에 다녀왔다. 집에 올 때마다, 그리고 학교로 갈 때마다 나는 소심하게 부모님을 끌어안고 사랑을 고백했다. 그리고 그때를 시작으로, 지금은 습관적으로 일상을 공유하고, 습관적으로 만나고 헤어질 때 먼저 포옹한다.

꼭 부모님과 반드시 잘 지내야 한다고, 혹은 부모님과 관계가 나쁜 사람들은 관계 개선을 해야 한다고 이야기하는 것은 아니다. 내가 부모님께 마음을 표현하고 일상처럼 전화하고 이야기하는 것은 내가 나중에 후회하지 않기 위해 하는 행동 중 하나라고 말하고 싶은 것이다. 그리고 그중에 가장 잘한 일이라 생각되어 지면을 빌어 소개한 것일 뿐이다.

후회라는 것도 가지각색이라서 나처럼 무언가를 하지 않아서 후회할 것 같아 행동하는 사람이 있다면, 무언가를 해서 후회할 것 같아 행동하지 않는 사람도 있다. 무언가 선택을 한다는 것은 두 가지 갈림길에 썬다는 것이다. '한다'와 '하지 않는다'. 어떤 선택이건 선택하지 않은 길의 가능성은 영영 알 수 없는 일이 된다. 만약 내가 선택하지 않은 길이 내가 선택한 길보다 더 좋아 보인다면, 나는 항상 선택하지 않은 길을 바라만 보면서 후회할 수밖에 없다. 그러면 결국 내 선택이 옳지 않았다며 후회하게 되고 우울해하게 된다.

N포 족이라는 말은 꽤 오랫동안 유행해온 말이다. 3포 세대, 5포 세대를 지나 이제 7포 세대라는 신조어도 등장했다. 계속되는 N의 행진은 '이것이 끝이 아니면 어쩌지?' 하는 불안마저 일으킨다. 사람들은 연애, 결혼, 출산에 이어 내 집 마련, 인간관계와 더불어 꿈과 희망까지 포기하고 있다. 청년들은 미래를 포기했다. 미래를 좇다가 자칫 현재 가진 것조차 잃어버리고 후회할까 봐, 걱정하고 두려워하며 행동하지 않게 된 것이다.

결혼한다는 것, 출산한다는 것은 인생의 중요한 갈림길 중 하나이다. '한다'를 선택하게 되면 나는 남은 생에서 내가 이용할 수 있는 대부분 시간, 경제력 그리고 노력을 가족을 위해 사용해야 한다. 반면 '하지 않는다'를 선택하게 되면 그것들을 오롯이 내가 누릴 수 있지만, 대신에 내 자녀를 낳는다는 선택지는 영영 잃게 된다. 여유가 있을 때는 선택지들을 천천히 살펴서 장단점을 비교하고 대안을 모색할 수 있다. 그러나 여유가 없을 때는 선택지가 하나밖에 없는 것 같거나, 다른 하나의 선택지가 너무 말도 안 되게 어려워 보여 포기하게 된다. 선택을 '하는' 것이 아니라 선택을 '당하게' 되는 셈이다.

그래서 N포 세대들을 바라보면 다소 안타까운 느낌이 든다. 그들이 연애보다 더 좋은 것을 알기 때문에, 결혼보다 더 나은 미래를 알기 때문에 그것들을 포기했다면야 안타까운 생각이 들지 않을 것이다. 그러나 그들이 그렇게 선택하게 된 이유로 '경제적인 어려움', '희생에 대한 두려움'을 꼽는다는 것이 너무나 애석하다. 내가 결혼을 해보니 좋아서, 출산해보니 좋아서 사람들이 이 길을 선택하지 않은 것이 안타깝다는 것이 아니다. 그들이 이 길에 대해 충분히 고민할 여유와 기회를 박탈당했던 것이 아닌가 하는 의문이 들어 안타깝다. 스스로 선택한 것이 아니라, 사회경제적으로 선택을 당한 것이 아닌가 하는 생각에 안타깝다.

내 아이들이 선택의 갈림길에 섰을 때 스스로 주도적으로 판단하고 선택할 여유가 있으면 좋겠다. 선택을 당하는 것이 아니라 선택을 하는 사람이 되길 바란다. 선택한 길에 기뻐하고, 선택하지 않은 길에 대해 후회를 적게 한다면 좋겠다. 후회한다손 치더라도, '당시에는 내가 한 그 선택이 최선이었어.'라고 회상할 힘이 있다면 좋겠다.

아이들이 걸어갈 미래가 언제나 장밋빛이고, 꽃길이었으면 좋겠다는 생각은 부모의 막연한 바람이다. 그러나 그 길이 언제나 밝지만은 않을 것이고 그 선택이 항상 바람직하지만은 않을 것을 알고 있다. 내가 그렇게 살아왔고, 내 부모님도 그렇게 살아왔는데, 내 아이들만 항상 옳은 선택을 하리라 믿는 것은 과한 바람이다. 분명 걸어가는 길에 어려움이 있을 것이고, 커다란 장애물도 있을 것이다. 선택하지 않은 길에 대한 후회도, 다른 사람들이 걷는 길에 대한 막연한 부러움도 있을 것이다.

그럼에도 불구하고 그 길에 후회가 적었으면 좋겠다. 자신을 믿고 미래를 스스로 만들어 갔으면 좋겠다. 선택을 당하는 것이 아니라, 선택을 하는 사람이 되기를 바란다. 그리고 돌이켜 생각해 볼 때, 스스로 "이 정도면 그래도 그냥저냥 잘 산 인생이었던 것 같아."라고 웃을 수 있게 된다면 좋겠다.

제2장
사랑받을 수밖에 없는 너란 존재

김보아

가능한, 오랫동안 내 무릎에서 아이를 사랑하자

나는 오늘도, 눈이 반쯤 감긴 채 아이에게 책을 읽어 주었다. 하루 종일 교실에서 목을 쓰고 와, 이미 목이 붓고 쉬었지만, 이 시간을 포기할 수 없다. 아이와 단둘이 서로의 호흡을 느끼며, 내 사랑을 듬뿍 전해 줄 수 있는 이 시간은 내 중요한 일과다. 나는 아이가 이 시간을 통해, 내 사랑을 느끼며 안정감을 느끼고 단단하게 성장하는 중이라 믿어 의심치 않는다.

책은 왜 읽어줘야 할까.

책은 아이가 세상과 만날 수 있는 통로이다. 직접 경험할 수 있는 것들을 넘어, 접해 본 적 없는 세상을 만나고 시야를 넓힐 수 있는 가장 쉬운 방법이다. 아이가 책으로 처음 접하는 세상은 설레기도 하면서, 무섭기도 할 것이다. 하지만, 부모의 따듯한 목소리 덕분에 아이들은 두려운 감정보단 설레는 마음으로 세상을 탐색한다.

책은 부모와 아이가 대화하게 만든다. 아이가 책 읽는 걸 그저 지켜보기만 하는 부모들은 아이가 독서를 끝내면 이내 곧 '책 내용은 어땠느냐?' 묻는다. 어떤 부분이 재미가 있었고, 기억에 남느냐 따져 묻는다. 그렇게, 많은 부모가 아이들이 읽은 책 내용을 '모르는 채' 단지 확인하고 감독하기 위해 묻는다. 그렇다 보니, 아이가 질문에 답을 하게 되더라도, 대화를 발전시키거나 지속해 나가기는 쉽지 않다.

하지만 부모가 아이에게 책을 읽어 준다면, 대화의 질이 달라진다. 부모 역시 책 내용을 잘 알고 있어서, 아이와 함께 더 깊은 대화를 나눌 수 있게 된다. '엄마는 이 주인공 행동이 잘못된 것 같은데, 네 생각은 어때?', '너는 주인공이 왜 그런 행동을 했을 거로 생각해?', '엄마 생각도 들어볼래? 엄마 생각에 대해선 어떻게 생각해?' 등 나눌 수 있는 대화거리가 무궁무진해진다. 일방적이고 권위적인 대화가 아닌, 서로의 생각을 인정하고 존중하는 대화가 이루어지니, 자연히 부모와 자녀 사이가 돈독해질 수밖에 없다.

책은 아이의 애정욕구를 채워준다. 본인을 위해 기꺼이 시간을 내어 책을 읽어 주는 부모를 보며, 아이는 자연히 사랑을 느끼게 된다. 특히, 형제·자매가 둘 이상이거나 바쁜 부모를 둔 아이들은 부모가 책 읽어 주는 시간만을 기다린다. 하루 내내 부모 사랑이 고팠던 아이는 부모님이 책 읽어 주는 시간으로 애정을 채운다. 잠들기 전, 부모의 포근한 무릎 위에서 따뜻한 부모의 목소리로 듣는 책은 그 어떤 이불보다 아늑하고 평온하다. 온종일 힘들었다 할지라도, 부모 품에서 부모 목소리를 들으며 안정된 정서로 하루를 마무리할 수 있다. 아이는 그렇게 부모 무릎에서 살아갈 힘을 키운다.

부모는 아이의 이해를 확장 시켜준다. 아이 혼자 책을 읽는다고 가정해 보자. 아이는 아마 본인이 혼자 읽어낼 수 있고, 이해할 수 있는 단어들로 이루어진 책만을 읽을 것이다. 명작이라 할지라도, 아이 수준보다 어려운 책이라면 읽어낼 수 없고 이해할 수 없다. 하지만, 부모가 읽어 준다면, 아이가 읽어낼 수 있는 책의 범위는 훨씬 넓어진다. 아이에게 어려운 말은 아이가 이해할 수 있는 말들로 부모가 바꾸어 읽어 줄 수 있으며, 배경지식이 필요한 책이라면 아이에게 책을 읽어 주기 전에, 부모가 미리 알려줄 수도 있다.

내 아이는 인지가 유난히 뛰어났다. 말할 줄 모르던 어린 아기 시절에도, 어른들이 하는 말 대부분을 이해하고 그에 맞는 행동이나 몸짓 반응을 보여주었다. 언어발화가 시작된 이후엔 인지 능력이 더 성장하였고 어른들이 하는 이야기 대부분을 이해하고 대화에 참여했다. 그건 아이 수준보다 조금 더 높은 수준의 이야기들을 내가 직접 읽어 주었기 때문이라 생각한다. 나는 내 아이가 기어다닐 때부터, 작가 '앤서니 브라운' 그림책을 무수히 읽어 주었다. 물론, 아이 혼자라면 읽어낼 수도 없고 이해할 수도 없는 수준의 책들이었지만, 내 무릎에서 내 목소리를 통해 아이는 나름대로 이야기를 이해하고 흡수했다. 덕분에 아이가 이해할 수 있는 범위는 조금씩 더 넓어졌으며 인지 능력을 발달시켰다.

필라테스라는 운동을 해본 적이 있다. 집에서 혼자 운동할 땐 나 혼자 쉽게 해낼 수 있는 동작들만 도전했다면, 전문가의 레슨을 받으니 조금 어려운 동작도 시도해 보게 되더라. 결국, 나 혼자서도 할 수 있게 되었다. 만약, 조력자의 도움이 전혀 없었다면, 어려운 동작은 시도하지 못했을 터. 책 역시, 부모가 읽어 준다면, 좀 더 높은 수준의 책도 소화할 수 있게 된다. 결국 아이가 이해할 수 있는 세상의 범위는 더 넓어진다.

책은 언제까지 읽어 주어야 하는 걸까.

아이가 거부하지 않는다면야, 중학생 고등학생이 되었을 때도 계속 읽어 주는 편이 좋다. 흔히 자녀들이 한글을 읽고 쓸 수 있는 나이가 되면, 읽기 독립을 시킨다며 아이에게 책 읽어 주기를 중단한다. 물론, 아이의 읽기 유창성을 위해 스스로 책 읽는 시간 역시 필요하지만, 부모가 읽어 주는 시간은 여전히 보장되어야 한다. 아이에게 책을 읽어 주는 것이 애초에 아이의 한글 습득을 위한 것이 아니기에, 읽기 독립과는 무관하게 지속적으로 진행되어야 한다.

오히려 자녀가 사춘기에 들어서게 되면, 책 읽어 주는 시간만큼은 더욱이 챙겨야 한다. 책 읽어 주는 시간 속에서 이런저런 이야기를 나누며 아이가 어떤 고민을 가지고 있는지, 혹은 어떤 생각을 하는지 알 수 있기 때문이다. 사춘기 아이와 어쩔 수 없이 물리적 거리를 두게 되더라도, 심리적 거리만큼은 멀어지지 않도록 부모 무릎 독서 시간만큼은 함께 해야 한다. 무수히 흔들리며 자라는 아이들이 부모 곁에서 늘 충전할 수 있도록 곁을 내주어야 한다. 부모가 책 읽어 주는 시간만큼 좋은 건 없다.

책을 읽어 줄 때 주의할 점

많은 부모가 도끼눈을 뜨고 감시하고 확인한다. 아이가 책을 제대로 읽고 있는지.

많은 이들이 하는 실수이다. 물론, 아이가 책 내용을 정확히 파악하는 것도 중요하지만, 부모가 책을 읽어 주는 시간은 아이의 국어 수업 시간이 아니다. 아이의 국어 실력 향상을 목표로 세우고 아이에게 책을 읽어 준다면, 오래 가지 못할 것이다. 부모가 묻는 질문에 제대로 답해야 한다는 생각에 긴장하는 순간, 아이는 그 시간을 온전히 즐기지 못할 것이고 결국 부모의 무릎을 피하게 될 게 뻔하다. 어떤 목적을 가지고 책을 읽어 주는지, 아이는 즉시 알아차린다.

책을 읽어 주는 시간 동안 무언가를 가르쳐야 한다는 압박에서 벗어나자. 혹, 아이가 아무것도 이해한 게 없다고 할지라도, 아이는 부모 무릎에서 책을 읽었다는 것 자체만으로 행복했을 것이다. 아이가 행복했다면, 그것보다 더 중요하고 소중한 게 어디 있겠는가.

또한 책 읽어 주는 시간은 가능한 지키는 것이 좋다. 아이에게 매일, 또는 일주일에 한 번 책을 읽어 주기로 약속했다면 그 시간만큼은 지키도록 하자. 매일 밤 읽어 줄 수 있다면야 더할 나위 없이 좋겠다만, 집안일이며 회사일이며 할 일이 많다면 한 달에 한 번이라도 읽어 주기로 약속하고, 지키자. 오랜 시간이 아니어도 좋다. 30분이 길다면, 10분이라도 좋다. 아이와 단둘이 같은 책을 바라보며 살을 맞대는 것이 중요하다. 피곤해 눈이 감긴다면, 한 장이라도 읽어 주고 잠들어도 좋다.

책은 세상을 이해하는 수단이기도 하지만, 책은 아이와 나를 이어놓는 끈이다. 하고 싶은 게 많은 욕심쟁이 엄마라, 아이만을 위한 시간을 많이 쓸 수 없는 나 같은 엄마에게 '책 읽어 주는 시간'은, 아이에게 오롯이 집중할 수 있는 시간이기도 하다. 또한, 내 죄책감을 조금은 덜 수 있는 시간이기도 하다.

아이를 내 품에 안고, 책을 읽어 줄 때면 내 일상 피곤함도 어느새 싹 씻겨진다. 아이를 위해 하는 일이라 생각했지만, 결국 아이를 통해 내가 구원받는 듯했다. 누구나 아이에게 책을 읽어 주면 느낄 것이다. 사실 아이에게 책을 읽어 주면, 부모가 받을 이로운 점이 더 많다는 것을.

가능한, 오래 내 무릎에서 아이를 사랑하자.

네가 사용하는 언어가 네 생각을 지배한다

'대박이에요'라는 말을 들어본 적이 있을 것이다. 요즘 많은 사람이 자기 기분을 말할 때 '대박'이라는 표현을 쓴다. 기분이 좋아도 '대박', 좋지 않아도 '대박', 놀란 일이 있어도 '대박', 모든 상황에서 쓰인다는 면에서 신기하기도 하지만, 한편으로는 안타깝기 그지없다. '행복하다, 설레다, 긴장되다, 당황스럽다, 놀라다, 무섭다, 두렵다, 슬프다, 우울하다' 등 대박이라는 두 글자로 표현하기에는 억울할 만큼 감정 단어가 넘쳐나는데, 많은 이들이 그저 '대박'이라는 말로 자기 마음을 단순하게 만들어 버린다. 이런 현상이 만연해진 데에는, 내 감정을 정확하게 표현할 언어를 다양하게 가지고 있지 않은 이유가 크다. 책보다는 영상물, 긴 컨텐츠보다는 쇼츠와 같은 짧은 컨텐츠를 선호하면서 사람들이 사용하는 언어도 단순해졌다. 모두가 바쁜 현대사회에서 짧고 굵은 단어로 담백하게 표현하는 게 뭐가 문제인가 싶겠지만, 제한된 언어는 사고마저 한정적으로 만들어 버린다.

영상물이 차고 넘친다. 유튜브가 사라진 세상은 이제 상상하기 힘들 정도로, 사람들의 생활에 영상물은 필수가 되었다. 영상물은 글보다 정보를 빠르게 접할 수 있게 해준다는 큰 장점이 있기에, 바쁜 현대인들에게 큰 도움이 되고 있다. 그러나 영상물에는 정보를 압축해서 담아 내야 하기에, 긴말이나 긴글 대신 줄임어나 은어들을 담아 만들게 된다.

뿐만 아니라, 시청자들에게 강한 인상을 남기기 위해 비속어 또한 공공연하게 담기는 영상물을 아이들이 시청하게 되면 어떤 일이 일어날까.

줄임어와 비속어, 은어가 가득 담긴 자극적인 영상물에 익숙해지면, 아이 또한 긴말 대신 짧은 말, 존중어 대신 은어, 비속어 등에 익숙해진다. 자연히 아이의 사고 역시 이성이라거나 논리와는 멀어지게 되고, 합리적인 사고 자체를 성가시게 여기게 된다. 아이가 사용하는 언어가 아이 생각을 지배하게 되기 때문이다.

그러므로, 조금은 귀찮더라도 영상물보단 아이가 책을 펼칠 수 있도록 하자. 시간이 걸리더라도, 영상보단 책이 아이의 언어를 더 풍부하게 만들어 줄 것이고, 아이의 생각 주머니 역시 한껏 부풀어 오르게 해줄 테니 말이다.

내가 어렸을 때부터 지금까지 줄곧 불려 오던 자산이 있다. 바로 '어휘 자산'. 나는 어렸을 적, 말하기를 좋아하고 글쓰기를 참 좋아했다. 내 말과 글을 열심히 들어주는 사람이 한 명이라도 있으면, 어찌나 열심히 수다를 떨었는지 모른다. 그런데, 내가 표현하고 싶은 적당한 어휘를 찾지 못할 땐 몹시 답답해서 숨이 콱 막히는 기분이었다. 내가 표현하고 싶은 단어가 이 세상에 분명히 있을 텐데, 내가 떠올리지 못하는 게 답답했고 부끄러웠다. 그래서 내가 만든 게 '나만의 어휘사전'이었다. 책을 읽다가도, 혹은 부모님과 이야기하거나 선생님 수업을 듣다가도, 내가 몰랐던 단어나 표현을 마주할 때면, 모래사장에서 진주알을 찾은 듯, 기뻤고 마음이 충만해졌다. 남들이 보기엔, 뭐 이런 표현도 적어두냐며 비웃을 만한 유치한 표현이나 쉬운 어휘도 많았다. 하지만 누가 뭐라 해도, 그야말로 '나만의 어휘사전'이니 상관없었다. 영어를 공부할 때도 어휘사전은 유용했고, 일본어를 공부할 때도 내겐 큰 도움이 되었다. 어느 나라의 언어든 어휘를 많이 가지고 있어야, 표현할 수 있고 이해할 수 있을 테니 어휘사전은 늘 유익했다.

우리말이라고 해서, 자연히 어휘가 늘고 어휘자산이 쌓이는 게 아니다. 우리말일수록, 내가 알고 있는 쉬운 표현에만 익숙해질 수 있기에, 오히려 더 의식적으로 내가 사용하는 표현을 늘리고 계속 사용해 보아야 한다. 매일 입던 옷에만 손이 많이 가는 것처럼, 언어 역시 늘 쓰는 말만 골라 쓰기 때문이다. 어휘가 풍성해질수록 아이가 가진 생각을 더 풍성하고 자세하게 표현할 수 있고, 덕분에 아이 생각은 다시금 더 촘촘하게 조직되고 정교화된다. 듬성듬성 두루뭉술한 어휘만을 쓰다 보면, 생각 역시 듬성듬성 두루뭉술하게 조직될 것이다. 손에 쥐어지는 아주 작은 메모장을 만들어, 아이 마음에 쏙 들어오는 어휘들을 하나씩 주워 담게 하자. 어느샌가 아이의 어휘사전은 두둑해질 것이고, 아이의 어휘자산은 누구보다 가득 쌓일 것이니.

아이가 자기 상황을 조리 있게 말하지 못해 답답해하는 것을 본 적 있는가. 나는 학교에서 아이들이 자기 마음에 담긴 말을 논리적으로 말하지 못해 답답해하는 걸 꽤 많이 봤다. 아이의 말을 듣고 있는 나 역시 무슨 말인지 이해하지 못해 답답하지만, 나보다 아이가 더 답답해할 게 뻔하기에, 그런 아이를 보고 있자면 안타깝기 그지없다. 그뿐만 아니라 일기 쓰는 법을 배우긴 배웠지만, 막상 일기를 쓰려고 하면 어떻게 써야 하는지 감을 잡지 못해 연필 잡기를 힘들어하는 아이들도 종종 있다.

이렇게 '자기를 말하고 쓰지 못해' 힘들어할 땐, 필사를 통해 말그릇과 글그릇을 키우도록 하자.

갑자기 웬 필사? 싶겠지만, 베끼어 쓴다는 뜻을 가진 필사는 사고를 논리적으로 조직하여, 자기 생각을 말과 글로 조리있게 표현하는 데 도움이 된다. 내가 대학 입시를 준비하던 시절, 논술 전형을 통과하기 위해 글쓰기를 집중적으로 연습해야 했다. 논술 시험 일자는 얼마 남지 않은 상태에서, 서론-본론-결론이라는 글의 개요에 맞게 내 주장을 논리적으로 펼치기 위해선, 잘 쓴 글들을 베끼어 쓰면서 논리적 사고 흐름을 내 몸에 익숙하게 해야 했다. 나는 그날부터 매일 신문 칼럼들을 필사하기 시작했다. 시간이 걸리고, 손도 아픈 고단한 작업이었지만, 필사를 통해 잘 쓴 글이란 어떤 것인지, 논리적인 글이란 어떤 것인지 제대로 익히게 되었다. 좋아하는 가수의 노랫말이라던가 시인의 짧은 시들은 그전에도 종종 필사한 적 있었지만, 칼럼이나 사설 필사는 처음이었다. 따분할 거라고만 생각했던 칼럼 필사는 논리적인 글이란 어떤 것인지, 다른 이를 설득하는 글이란 어떤 것인지 제대로 배우게 했다.

나는 반 아이들과 짧은 필사를 매일 하고 있다. 그림책에 나오는 인상 깊은 문장들을 뽑아 필사하기도 하고, 노랫말이 아름다운 가사를 필사하기도 한다. 필사에 재미를 붙인 아이들은 그림책 한 페이지나 그림책 전체를 필사하려고 애쓰기도 한다. 아이들은 필사하면서 상황별로 어떻게 말하고 행동해야 하는지 간접적으로 배우기도 하고, 논리적인 글이란 어떻게 전개되는 것인지 느끼게 된다. 아이의 말에 논리가 부족해보이고 알맹이가 없다 느껴진다면 필사를 시작해 보자. 어느샌가 아이가 사용하는 언어 역시 책 속의 언어처럼 논리를 갖추게 될 것이다.

말 그릇을 키우면 생각 그릇 또한 자연히 커진다. 말로 생각을 표현할 수 있게 되면 궁금한 것이 더 많아지고, 다른 이들과 나눌 수 있는 생각도 많아지기에 소통을 통해 생각 그릇이 더 커지고 깊어진다. 아이의 말 그

롯을 깨끗하고 다채롭게 그리고 논리적으로 만들기 위해선 의도적인 노력과 의도적인 환경 조성이 필요하다. 아이가 사용하는 언어가 아이 생각을 지배한다는 것에 늘 유의하고, 다채로운 생각들이 자랄 수 있도록 아이의 언어를 키워주자.

스마트기기가 엄마를 대신하지 않길

10년 전만 해도, 초등학교 1학년 교실에서 스마트폰을 보기 어려웠다. 전화나 문자 정도만 간단히 보내고 받을 수 있는 키즈폰을 가진 아이들은 종종 있었지만, 스마트폰을 가진 아이들은 많지 않았다. 하지만, 요즘 1학년 교실에선 스마트폰을 가지지 않은 아이들을 찾기가 어렵다. 저학년일지라도, 너도나도 스마트폰을 꺼내어 서로의 스마트폰을 자랑하고, 개인 번호를 주고받으며 SNS로 연락하자는 이야기를 나눈다. 요즘은 날 때부터 스마트기기를 가지고 태어난다는 말이 무색하지 않을 정도로, 많은 아이가 스마트기기에 노출되어 있고 스마트기기가 몹시 당연한 세상이 되었다. 학교 수업 역시 스마트기기를 이용한 수업이 많아졌다. 코로나19 바이러스가 사회를 뒤덮었을 때, 스마트기기가 없었다면, 그리고 스마트기기를 사용할 줄 몰랐다면, 공교육은 그나마도 운영되지 못했을 것이다. 스마트기기가 가진 부정적인 측면도 많은 게 사실이지만, 스마트기기는 이미 부정할 수 없을 정도로 우리 생활을 윤택하고 편리하게 만들어주었다. 더욱이 우리 아이들은 디지털 세상에서 살아가야 하기에 스마트기기를 마냥 거부할 수 없다.

그렇다면 '디지털 시대에 태어난 아이들을 우리가 어떻게 양육해야 하는가', 그게 관건이다.

독서교육을 대신하는 스마트기기

책 육아라는 게 엄마들 사이에서 유행이다. 독서교육이 중요하다는 것을 대부분 알고 있기에, 많은 부모가 책육아에 열을 올린다. 하지만, 안타깝게도 아이에게 책을 읽어주는 주체는 엄마가 아닌, 스마트기기이다. 요즘에는 책육아 역시 스마트기기에 자리를 내어주는 경우가 많다. 책을 읽어주는 펜을 이용해서 아이에게 읽어주기도 하고, 책 읽어주는 영상이나 책 읽어주기 어플을 이용해 아이에게 책을 보여주곤 한다. 왜 그럴 수밖에 없는지, 엄마가 되어 보니 이해못 할 것도 없지만, 스마트기기가 대신하는 책육아, 과연 맞는 것일까.

왜 부모가 책을 읽어주어야 하는 것인지 이유를 생각해보면 답은 명확하다. 부모가 아이를 위해 책을 읽어주는 행위 그 자체는 아이에게 온 사랑을 느끼게 한다. 아이는 사랑하는 부모와 단 둘만의 시간을 가지며 부모 품에서 안정감을 느끼고 마음이 튼튼한 사람으로 성장하게 된다. 서로의 생각을 나누며 이해하고 존중하는 자세도 자연스레 몸에 익게 된다. 그런 이유로 아이가 한글을 혼자 읽고 쓸 수 있게 되었더라도, 꾸준히 아이에게 책을 읽어주는 것이다.

물론 책을 '많이' 읽는 것에만 초점이 맞추어져 있다면, 부모보다 스마트폰이나 (읽어주는) 펜이 더 나을 것이다. 아이의 반응과 상관없이 스마트기기는 그저 계속 읽어 내려가기에, 같은 시간동안 더 많은 책을 읽어 낼 수 있다. 하지만 스마트기기와는 그어떤 정신적 상호작용도 오갈 수 없다. 아무리 인공지능 기술이 뛰어나더라도, 부모와 나눌 수 있는 대화를 뛰어넘을 수 없고 마음에 울림을 줄 수 없다. 육아는 같은 시간 동안 더 많은 책을 읽어내기 위함이 아니다. 특히 아이가 어릴 적 책육아는 부모와의 소통과 감정공유를 염두에 두고 이루어져야 한다. 부모가 아닌 스마트기기가 책을 읽어주고 있다면, 그건 스마트기기가 엄마를 대신하고 있는 것이다. 엄마의 자리를 스마트기기가 채가지 않도록 경계하자.

식사교육을 대신하는 스마트기기

내게 아이를 키울 때 가장 힘들었던 걸 고르라면, 두말할 것 없이 밥이다. 징그럽게도 밥을 먹지 않던 내 아이는 거의 모든 음식을 뱉어냈다. 뱃가죽이 등가죽에 붙겠다 싶을 정도로 피골이 상접해가는 아이를 보며, 아이 구강에 혹 문제가 있는 건지 병원에 가보기도 했으니(다행히 구강에는 아무 문제 없었지만 피검사로 철분이 부족하다는 진단을 받았다),

내가 얼마나 힘들었을지 상상이 갈 거다. 아픈가 싶을 만큼 밥에 관심이 없는 아이를 식탁에 앉혀 놓고 어떻게 하면 밥을 조금이나마 더 먹일 수 있을까, 매일 고민했다. 몇몇 지인들은 아이에게 장난감을 쥐어 주거나 재미있는 영상을 보여주라고 했다. 그럼, 기가 막히게 입을 벌리고 음식을 삼켜낸다고. 실제로 내 아이 역시 본인 사진이나 본인 영상을 보여주면 본인 입으로 무슨 음식이 들어오는지도 모른 채 넙죽 잘 받아먹었다. 밥 먹는 데 보통 한 시간은 족히 걸렸는데, 사진이나 영상을 보여주면 30분이 채 걸리지 않았다.

하지만, 그건 도저히 식사라 할 수 없는 식사였다. 어린아이라면 더욱이 자기 입에 어떤 음식이 들어오는지 제대로 알고, 손과 혀로 음식의 촉감과 맛을 다채롭게 느낄 수 있어야 하는데, 그저 배만 불리는 시간이었다. 어린아이들에겐 식사도 세상을 탐색하는 시간인데, 스마트기기가 아이의 세상 탐색을 방해하고 있었다. 잘 먹지 않는 아이를 둔 엄마로서, 스마트기기를 보여주면서까지 아이에게 밥을 먹여야 하는 부모 마음을 이해하지 못하는 것은 아니지만, 장기적인 식사 교육 관점에선 스마트기기의 힘을 빌려 밥을 먹이는 건 옳지 않다(그리고 안 먹는 아이를 키워보니, 신체에 문제가 있는 게 아니라면 굶어 죽을 지경까지 안 먹지는 않더라. 애가 타지만, 안 먹으면 안 먹는 대로 두는 게 스마트기기로 억지로 먹이는 것보다 낫더라).

놀이를 대신하는 스마트기기

저녁시간 즈음, 온몸에 힘이 빠진다. 일하는 부모들은 퇴근할 즈음, 이미 기력이 다하지만, 그럼에도 불구하고 쉴 수 없다. 다시 '육아출근'이 기다리고 있기에, 숨 돌릴 틈 없다. 지친 몸과 정신은 결국 아이에게 영상을 선물하게 한다.

대부분, 부모들은 아이를 돌보며 집안일까지 감당해내야 한다. 아이만 종일 보라고 해도 힘든 게 육아인데, 집안일까지 해내야 한다. 열심히 해도 티가 나지 않는 게 집안일이지만, 아이를 키우는 가정에서 집안일까지 놓고 있으면, 엉망진창이 되어버리는 건 금방이다. 그러니 어쩔 수 없이 아이를 돌보는 와중에도 집안일은 해야 한다. 하지만 아이들은 집안일 하는 부모를 가만히 내버려 두지 않는다. 설거지하는 잠깐의 틈조차 주지 않으려는 아이를 보고 있자면, 뾰족한 수가 없다. 결국 스마트기기를 아이에게 내어주고 만다. 텔레비전 앞에 앉아 재미있는 만화를 보게 한다거나, 스마트폰을 내어주며 게임을 허락한다. 집안일 할 수 있는 시간은 한정적이기에, 어쩔 수 없는 일이다. 잘 알고 있다. 내 아이 역시, 본인 식사를 준비하는 시간도 허락해주지 않아 애를 많이 먹었다.

하지만, 나는 결코 스마트기기에 아이를 내어주지 않았다. 같이 놀자며 내 다리를 잡고 늘어지는 아이를 보면서도, 끝내 스마트기기를 쥐어주지 않았다. 울면 울도록 내버려 두었고, 내가 하는 일을 다 어지르면서 나처럼 집안일을 하겠다며 설쳐대도 내버려 두었다. 엄마가 하는 설거지를 한다며 물놀이를 하며 부엌을 어질러도 내버려 두었다. 그것도 안될 땐, 한 손으로 아이를 안아 들고 다른 한 손으로 요리를 하고 빨래를 했다.

그런 순간들이 쌓이자, 아이는 스스로 놀이감을 찾았다. 엄마가 요리할 때면 본인 음식 장난감들을 다 꺼내어두고 요리 놀이를 하기도 했고, 부엌 서랍장에 있는 그릇과 반찬통들을 다 꺼내어두고 혼자 엄마 아빠 역할극을 하기도 했다. 기껏 다 빨아놓은 세탁물들을 던지고 밟으며 놀기도 했지만, 결국 아이가 스스로 놀이감을 찾더라. 어떤 놀이를 할지 스스로 생각하고 창안하는 과정에서 상상력을 키우고, 혼자 역할극을 하며 역할학습도 자연스럽게 하게 되더라. 심심한 환경에 놓이면 스스로 놀이감을 찾고, 시간을 보낼 줄 알게 된다. 아이와 필히 하루종일 모든 순간을 함께 할 필요 없다. 부모가 피곤해 잠시 쉬고 싶을 때, 또는 집안일을 해야 할 때 스스로 시간을 보내며 놀 수 있도록 내버려 두자. 물론 순순히 아이가 따라올 리는 없겠지만, 부모가 하는 집안일을 따라 한다거나 혼자 본인 장난감을 가지고 논다거나, 스스로 노는 방법을 체득해갈 것이다. 그리고 운이 좋으면, 아이가 무엇에 흥미가 있고 재능이 있는지도 발견하게 된다. 아이가 직접 놀거리를 찾을 수 있는 시간을 스마트기기로 대신하려고 하지 말자.

스마트기기 없이 하루를 편히 살아낼 사람이 있을까.

없다고 본다. 가족 없이는 살아도, 스마트기기 없이는 단 하루도 편하게 살아내기 어려운 세상이다. 스마트기기라는 말 그대로, 스마트기기는 우리 삶이 좀 더 스마트해질 수 있도록 도와준다. 전화번호를 굳이 외우지 않아도 친구에게 전화할 수 있게 해주고, 연필로 한 자, 한 자 다 쓰지 않아도 손가락으로 휴대폰 자막을 쉽게 두드리고 다시 쓸 수 있게 한다. 지구 반대편 세상을 쉽고 빠르게 만날 수 있게 하고, 내가 하는 일을 더 효율적으로 할 수 있게 해 준다. 스마트기기가 우리 삶의 질을 높여주었다는 사실에는 반박할 여지가 없다.

하지만, 스마트기기의 무분별한 사용으로, 아이들이 변해가고 있다. 영상이나 디지털 매체 자료 없이 선생님이 '말로만' 또는 '책으로만' 수업할 때면 멍하니 넋을 놓고 있다가, 영상자료를 보여주면 눈이 번쩍 뜨이는 아이들을 볼 때, 마음이 참 암담해진다. 스마트기기의 자극적인 매체들에 익숙해진 아이들은 비교적 잔잔하게 느껴지는 책이 따분하고, 소소한 놀이에는 도무지 흥미가 생기지 않는다.

그래서 나는 수업할 때, 영상자료를 더욱이 쓰지 않으려고 노력하는 편이다. 아이들의 이해를 돕는 데 도움이 되는 필수 자료라면 얼마든지 보여줄 수도 있지만, 영상이 아닌 다른 자료로 대체하여도 똑같은 효과를 내는 경우라면, 굳이 영상을 보여주지 않는다. 조금 더 시간을 투자해서라도, 책에 나오는 자료를 찾아서 그림으로 보여준다던가 글로써 설명한다던가 사진 자료로 대체한다. 영상을 보여주는 편이 준비하는 사람이나 이해하는 사람 입장에서도 훨씬 편한 일이지만, 나는 굳이 수고로움을 자처한다.

내 아이를 대할 때와 같은 마음으로, 선생님 역할을 디지털 매체가 대신하지 않도록 늘 경계한다. 스마트기기는 유모가 될 수 없고, 엄마를 대신할 수도 없다.

공부란 때론 '견디어 내는 것'

학교에서 아이들을 가르치다 보면, 공부가 세상에서 가장 싫다는 말을 많이 듣는다. '공부 좀 해라.'는 부모님의 말이 지긋지긋하게 싫다는 아이들을 볼 때마다 참 안타깝다. 공부라는 게 대체 무엇이길래, 아이들은 이리도 공부를 싫어하게 된 것일까. 공부는 정말 진부하고 따분하기만 한 것일까. 그럼에도 해야 하는 게 공부라면, 유쾌한 마음으로 공부할 수 있는 방법은 없을까.

사실, 나는 공부를 좋아하는 편에 속한다. 공부가 늘 재밌다고 말할 수는 없겠지만, 스스로 공부 거리를 찾고 새로운 내용을 익히고 연습하는 과정을 좋아하는 편이다. 그렇게 된 데에는, 아마 공부의 의미를 어린 시절부터 알았기 때문이 아닐까.

공부는 나를 파악하는 일이다. 무언가를 배우기 위한 공부는 우선 나를 파악하는 것부터 시작해야 한다. '내가 어떤 것을 모르고 어떤 것을 잘 아는지' 내 시작점을 정확히 알아야, 공부를 시작할 수 있다. 내가 뭘 알고 무엇을 모르는지, 내가 무엇을 궁금해 하는지 나를 들여다보지 않으면 내 공부는 산으로 흘러갈 가능성이 크다. 가령, '미국'이라는 다른 나라에 대해 공부하기로 마음먹었다면, 내가 '미국'의 어떤 분야에 대해 궁금한지 알아야 한다. 내가 궁금한 것이 '언어'인지 '문화'인지 또는 '역사'인지 정확히 파악하고 시작해야 한다.

나는 그게 좋았다. 내가 무엇을 알고 무엇을 모르는지 제대로 알게 되는 것도 좋았고, 부족한 부분을 내가 스스로 채워나갈 수 있다는 게 좋았다. 내 부족한 점들을 마주하는 게 부끄럽지 않았고, 더 배울 수 있는 게 무엇인지 알 수 있어 좋았다.

내가 부족하면 부족한 대로 배울 수 있어 좋았고, 많이 알면 많이 아는 대로 내가 어떤 수준인지 알 수 있어 좋았다. 나는 나를 파악할 수 있는 공부가 좋았다.

공부는 나를 발전시키는 일이다. 공부하기 전, 내가 알고 있는 게 0일지라도, 단 10분이라도 공부하게 되면 10분 전보다 난 분명 성장했다 느끼는 게 좋았다. 프랑스어 단 한마디도 몰랐을지언정, 프랑스어책을 구입해 한 페이지라도 펼쳐보고 프랑스어로 '안녕'을 말할 수 있게 되었다면, 프랑스어를 '좀' 배웠다고 말할 수 있는 것처럼, 어떤 공부든 일단 시작만

하면 공부하기 이전의 나보다 발전하고 성장하는 일로 받아들였다. 나는 그 기분이 참 좋았다. 공부란 게 단순히 무언가를 외우고 이해해야 하는 버거운 일이라는 감정에 몰두하기보다는, 공부를 통해 그전의 나보다 성장해나갈 수 있다는 것에 의미를 두었던 덕이 컸다. 프랑스어를 원어민만큼 완전히 숙련되게 말하지 못해도, 혹은 시험에서 100점을 받지 못해도, 우선, 프랑스어를 공부하기 전의 나보다는 확실히 아는 게 많아지고, 말할 수 있는 게 생겼다는 것에 의미를 두고 공부하니, 공부가 끔찍하기보다는 재밌었다.

그러려면 공부가 좌절감으로 연결되지 않도록 해야 한다. 공부하다 보면, 내 생각만큼 이해되지 않고 해결되지 않는 어려운 문제를 마주할 때가 있다. 내가 몰라서 공부를 시작한 것이니, 어려운 문제를 만나는 게 지극히 당연한 일이다. 그러니 그 순간에 너무 몰두해 과한 좌절감을 느끼거나 공부해 볼 자신감을 잃지 않도록 해야 한다. 아이에게 취약한 부분이 아이의 수치심이 되지 않도록 용기를 북돋워 주어야 한다. 공부라는 게 자신의 부족한 부분을 매번 마주하게 되는 일이 아닌, 성장하는 일로 느껴질 수 있도록 발전한 것에 초점을 두어야 한다.

공부는 때론 견디어 내는 것이다. 자신이 하고 싶은 것을 할 때는 '누구나, 열심히, 집중해서' 최선을 다한다. 하지만 세상 공부가 어찌 다 내 마음에 쏙 들고, 내가 좋아하는 것일 수 있겠는가. 때론 내가 잘하지 못해하기 싫을 수도 있고, 따분하고 시시해서 하기 싫을 수도 있을 테지만 그 모든 것을 견디어 내며 참아내는 것이 공부이다. 설령 공부한 결과가 그리 만족스럽지 않더라도, 힘든 과정을 견뎌 냈으니 공부하는 과정에서 쌓인 인내심이라거나 집중력, 이해력, 사고력 등 많은 것들이 앞으로 공부하는 데에 기반이 되고 힘이 될 것이다. 지금 당장 교과서를 펴고 시험 성적을 잘 받기 위해 하는 것이 공부가 아니다.

공부는 살아갈 방향을 고민하고 살아갈 힘을 키우며 한 걸음 더 나아갈 수 있게 하는 씨앗이 되고 자양분이 되어야 한다. 훗날 아이가 좋아하고 재능이 있는 분야를 잘 해내기 위해선, 어떤 일을 해내는 데 '견뎌 내는 힘'이 필요하다. 그리고 그건 아이의 노력과 아이가 견디어 낸 힘을 인정하고 칭찬해주었을 때 기를 수 있다. 공부 결과에만 관심을 두고 이야기한다면 공부하면서 아이가 얻게 된 '견뎌 낸 힘'과 노력은 시시한 것으로 여기게 되고, 결국 견뎌 내야 하는 공부를 원하지 않게 된다.

공부는 교과서로만 할 수 있는 것이 아니다. 교과서는 많은 공부법 중의 하나일 뿐이다. 우리는 흔히 교과서나 문제집을 펴고 정자세로 앉아 공부하는 것을 '공부의 정도'라고 생각한다. 밖에 나가 친구들과 신나게 달리거나, 스케치북을 꺼내 이 그림 저 그림 그리는 것은 공부라고 하지 않는다. 왜일까.

어른들부터 공부라는 행위 자체를 정적이고 지루하고 재미없는 것으로만 생각하고 있기 때문이다. 공부는, 언제나 정적일 수 없다. 앉아서 가만히 사색하거나 문제를 풀어보려 애쓰는 것도 공부이지만, 밖에 나가 달리기를 하며 신체를 움직이는 것도 공부가 될 수 있고, 내 상상을 그림으로 표현하는 것도 공부가 될 수 있다. 교과서에서만 보던 역사 속 장소에 직접 가서 역사를 이해하는 것도 공부가 될 수 있고, 미술책에서만 보던 명작을 실제 미술관에 가서 관람하는 것도 공부가 될 수 있다. 한데, 어른들은 가만히 앉아 책을 들여다보는 공부만을 공부라 생각하다 보니, 아이들을 계속 주저앉히려고 한다. 아이들은 학교 밖과 집 밖의 세상에 대해서도 궁금한 게 넘쳐나는데, 자꾸만 '앉아서 책만 보라'고 하니, '공부라는 건 원래 재미가 없는가'보다 라고 인식하게 된다. 누군가는 밖에 나가서 열심히 자연물을 관찰하는 게 본인의 공부일 수 있고, 누군가에겐 옷을 만드는 일이 공부가 될 수도 있는 일인데, 공부의 의미를 한정적으로 제한하니 어렸을 때부터 공부란 건 나와 맞지 않는다고 규정해버린다. 교과서는 많은 공부법 중 하나일 뿐이다. 특히 어린아이일수록 다양한 공부를 경험하게 해야 한다. 다채로운 공부를 경험해야 나와 맞는 공부가 무엇인지 알 수 있기에, 부모가 경험해보지 않은 공부일지라도 편견을 가지지 말고 아이의 공부를 응원해주어야 한다.

많은 부모가 자기 자녀만큼은 더 여유롭게 살길, 그리고 사회적으로 대우받는 직업을 선택하길 바라는 마음에서, 자녀가 열심히 공부하길 바란다. 물론, 자녀를 생각하는 부모의 마음은 충분히 이해 가지만, 부모의 그런 태도가 아이들로 하여금 공부를 싫어하게 만든다.

공부는 남들보다 더 좋은 직업을 가지기 위해 하는 것이 아니다. 공부는 내가 가진 재능과 흥미를 찾는 과정이 되어야 하고, 내가 모르는 것을 배우는 지적 성장의 순간이 되어야 한다. 어떤 공부를 할 때 내가 더 즐겁게 공부에 임하고 호기심을 이어가는지, 또는 내가 어떤 분야의 공부를 할 때 좀 더 행복한지, 그리고 몰랐던 것을 알게 될 때 세상이 밝아지는 기분을 느낄 수 있어야 한다.

그랬을 때, 아이들은 이 공부 저 공부 등 다양한 분야에 일단 도전해보게 되고, 지적 탐구 과정을 즐겁게 받아들인다. 단지, 더 좋은 직업을 갖는 데 필요한 수단으로 공부를 여기는 순간, 아이들은 호기심을 가지고 탐구해 볼 필요를 느끼지 못하게 된다. 공부는 오로지 좋은 직업을 갖기 위한 도구로 생각하게 되고, 자신의 지적 탐구와 지적 성장을 위한 공부를 시도하지 않게 된다. 시험을 잘 치르는 데에 도움이 되는 공부만을 염두에 두게 된다. 돈을 잘 벌기 위한 도구로 생각하는 탓에, 결국 '저는 공부 안 해도 돼요. 우리 집에 돈이 많아서, 공부 안 해도 돼요'라는 말을 어린아이들부터 내뱉게 되는 것이다.

공부란 아이가 좋은 직업을 갖기 위해 하는 어렵고 지루한 일이 아니고, 아이들이 자기 자신을 파악하고 발전시키며 살아가는 데 필요한 힘을 얻는 일이 되어야 한다. 그랬을 때, 스스로 공부해 볼 동기를 얻게 되고, 공부가 그리 지겹고 버거운 일로만 느껴지지 않게 된다.

열심히 공부한 덕분에 가지고 싶은 직업을 갖게 되는 것은 공부의 많은 결과 중 하나일 뿐이다.

내가 너에게 줄 수 있는 유산은 깊이 사색하는 삶

나는 '읽고, 쓰고, 생각하는 삶'을 사랑한다. 책을 읽고, 글을 쓰고, 혼자 생각하는 시간은 누군가의 엄마도 아니고, 교사도 아닌 본연의 내게 집중하게 한다. 내가 어떤 삶을 원하는지 생각하며 내 삶의 최종 도착점을 사색하게 한다. 생각은 내가 나로서 어떻게 살아갈 것인지 끊임없이 고민하게 만든다. 생각은 내가 주체적인 삶을 살아가게 한다.

생각하는 법

요리를 하려면 재료가 있어야 하듯, 생각을 하려면 생각할 거리, 즉 배경지식이 있어야 한다. 배경지식은 직접 경험을 해서 쌓을 수도 있고, 간접 경험을 통해 얻을 수도 있다. 백문이 불여일견이라고, 무엇이든 직접 보고 만지며 알 수 있다면야 좋겠지만, 그럴 수 있는 사람은 없다. 누구나 부족한 건 간접적인 경험으로 쌓을 수밖에 없다.

간접 경험을 쌓는 데 책보다 좋은 게 있을까. 책은 아이의 세상을 넓혀 준다. 매일 보고 듣는 세상에서 더 나아가, 한 번도 보지 못하고 듣지도 못한 미지의 세상으로 아이를 인도한다. 책을 통해 내가 경험하지 못한 지구 반대편에도 나와 같은 또래의 친구가 살고 있다는 사실을 알게 되고, 직접 보지 않은 그들을 궁금해할 수 있다.

뿐만 아니라 책은 아이가 직접 경험한 지식을 확장하고 정교하게 다듬는다. 아이가 밖에 나가 개미를 직접 관찰한 뒤엔, 책을 펼치고 개미의 먹이, 개미의 종류, 그에 따른 역할 등 다양한 정보를 접할 수 있다. 직접 경험을 통해 개미의 실제 크기라던가 움직임 모습 등만 알게 됐다면 책을 통해선 직접 경험만으론 알 수 없는 세세한 내용을 담을 수 있는 것이다. 책을 통해 개미에 대해 더 자세히 알게 되었으니, 개미를 다시 마주할 땐 그 전보다 더 많은 것들을 떠올리고 상상하고 사고하게 될 것이다.

옛날 계급사회의 귀족 혹은 양반들이 가장 두려워했던 것이 아래 하층 계급민들의 계몽이라 하지 않던가. 공부하고 깨우치게 되면 계급 사회의 부조리함을 알게 될까 봐.

아는 게 없으면 생각할 거리도 없고 생각할 이유도 느끼지 못한다. 아는 게 힘이다. 우선, 책을 통해 생각할 거리를 많이 만들어주어야 한다.

그리고 질문하게 해야 한다. 아는 게 생기기 시작하면, 지식은 지식을 부른다. 개미를 알게 된 후에는, 개미는 어디에 사는지, 몇 년을 사는지 등 더 깊은 내용들 궁금해진다. 그런데, 질문을 통해 궁금한 걸 꺼내도록 하지 않으면, 호기심은 금세 사라진다. 질문하지 않으면, 지식이 확장될 기회를 잃게 된다.

질문과 관련해 모두 다 알만 한 부끄러운 에피소드가 있지 않은가. 미국의 전 대통령 버락 오바마가 한국 기자에게 질문할 기회를 주었는데, 기자는 그 어떤 질문도 하지 못했다. 내가 경험한 일은 아니지만, 나였더라도 질문하지 못했을 거라는 생각에 우린 모두 내 일처럼 부끄러워했고 처절하게 반성했다.

우리는 질문하는 법을 배우지 못했다. 그저 선생님이나 어른이 말하는 대로, 군말없이 하는 게 예의 바른 것이라 배웠고, 가르침을 받는 사람의 태도라 배웠다. 수업시간 선생님이 설명해주시는 게 이해되지 않는 부분이 있어 다시 질문하고 싶어도, 그저 내 문제라 생각하고 질문하지 않았다. 물어보는 건 무지를 고백하는 것이고 열심히 수업을 듣지 않았던 탓이라며 호기심의 싹을 잘라냈다.

질문은 생각이 생각의 꼬리를 물게 한다. 새롭게 알게 된 내용에서 내가 이해되지 않는 점들을 질문하면서 개념을 정확히 짚고 이해하게 하며, 질문하는 중에 생각지도 못한 다른 영역의 지식으로 넘어가기도 하면서 사고가 확장된다.

그러니 무엇이든 묻게 해야 한다. 하지만 어린 아이들은 질문하는 법을 모르니, 부모가 일상 속에서 시범을 보여야 한다. '이건 뭘까?', '이건 왜 이렇게 작동되는 걸까?', '엄마 생각은 이런데, 네 생각은 어때?' 등 다양한 질문 형태를 접하게 하면, 아이는 어느새 부모의 질문을 모방한다. '엄마 생각은 어때?', '개미는 왜 땅속에서 사는 거야?' '땅 속은 답답하지 않을까?' '내 생각은 그런데 엄마 생각은 어때?' 등 확산적 사고사 가능하게 하는 질문들을 금세 해낸다.

물론, 질문에 대한 답이 정확할 필요 없다. 부모도 모든 걸 정확히 알지 못한다. 아이와 함께 이런저런 추측을 해보는 게 오히려 더 아이의 사고에 더 좋다. '개미는 워낙 작으니, 밖에서 살면 쉽게 밟혀 죽거나 적에게 먹힐 수 있으니, 땅 속에서 사는 게 아닐까? 아니면 땅 속이 바깥보다 더 따뜻해서 그런가? 그것도 아니라면...' 여러 추측들을 아이와 함께 해나가며 생각이 생각을 물게 한다. 질문의 목적을 정답을 찾는 데 두는 것이 아니라, 답을 찾기 위해 이런저런 추측을 해보는 사고력을 기르는 것에 두면, 정답을 알려주어야 한다는 강박감에서 벗어날 수 있다.

스스로 선택할 기회를 주어야 한다. 무슨 옷을 입을지 결정하는 가벼운 선택부터, 어떤 직업을 가지고 어떤 일을 하고 싶은지를 결정하는 중요한 선택까지 스스로 본인 일을 결정짓게 해야 한다. 아이는 본인 일을 스스로 결정하면서, 본인은 무엇을 좋아하고 어떤 일을 할 때 가장 행복한지 자신을 돌아보게 된다. 그게 설령 생각했던 것보다 만족스럽지 않은 결과를 낳은 선택일지라도, 후회 속에서 배움이 일어나고 다음 선택에 더 좋은 피드백으로 작용하게 된다.

　무엇을 먹고 싶은지, 어떤 신발을 신고 싶은지, 작은 것조차 직접 선택해 본 경험이 없는 아이는 부모가 주는 대로 먹고, 주는 대로 입고 신었기에 본인이 무엇을 더 좋아하는지 생각해 본 적조차 없다. 그러니 어른이 되어도 부모가 선택해 주길 바라고, 본인 선택에 자신감이 없다. 결국 배우자를 선택할 때도, 내가 좋아하는 사람보다 부모가 원하는 사람을 선택한다. 내가 어떤 사람을 좋아하는지 생각해 본 적이 없으니 말이다.

　생각할 시간을 주어야 한다. 차를 타고 어딘가로 이동할 때도 어른들은 카시트 앞에 스마트 기기를 붙여두고 아이들에게 영상을 틀어준다. 밥을 먹으러 식당을 가서도 밥그릇 앞에 스마트폰을 세워두고 영상을 보게 한다. 학교가 끝난 뒤엔 곧장 학원을 가야 하고 저녁이 되어서야 귀가해야 하는 스케줄로 아이의 하루를 꽉 채운다. 아이를 가만히 두면, 무슨 일이라도 생길 것처럼 말이다.

　생각은 고요와 적막에서 찾아온다. 뇌를 괴롭히는 갖가지 영상물과 빡빡한 일정 안에선 생각이 피어날 리 없다. 작가들은 고독하다고 하지 않던가. 뇌를 피곤하게 만드는 자극들에서 벗어나 멍하니 생각할 수 있어야, 영감이 떠오르기 때문이다.

　차로 이동할 때는 영상물이 아닌 바깥의 자연물이라도 보게 하자. 자연스레 오늘 있을 일도 생각해 볼 수 있고, 지나간 일도 머릿속으로 정리할 수 있다. 고요한 탓에 잠에 들 수도 있겠다만, 뇌가 자극적인 영상물에 피곤해지는 것보다 낫지 않은가. 식당에서도 아이가 식당 안 풍경을 보며 여러 생각을 할 수 있게 하자. 옆 테이블 사람들은 어떤 메뉴를 선택하고, 그들은 어떤 대화를 하는지, 식당 안에는 어떤 사람들이 밥을 먹고 있는지, 일하는 점원은 어떤 특징을 가지고 있는지 등 다양한 점들을 관찰하면서 세상을 탐색하게 되고 삶을 배우게 된다. 영상물로 세상을 배우게 하지 말고, 아이가 현실 세계에서 진짜 세상을 배우게 하자.

더욱이 학원으로 빡빡한 하루를 살고 있는 아이들은 학원에서 배운 것들을 본인 것으로 만들 시간이 없다. 무수히 입력만 받고, 내 것으로 출력하는 시간이 없으니, 학원을 많이 다녀도 성적이 오르지 않는다. 배운 것을 생각하고 이해할 시간이 충분히 주어져야 성적도 오르는 법.

가만히 두어도 괜찮다. 아무 일도 일어나지 않는다.

자기가 무엇을 좋아하고, 무엇을 위해 공부를 해야 하는지 모르는 아이들이 많다. 그저 어른들이 시키는 대로, 수동적으로 움직이고 생각하려 하지 않는다. 그러니, 선택에 따른 결과도 스스로 책임지려 하지 않는다. '안 되면 부모 탓'이라 생각하며, 부모를 원망하고 만다. 내 삶은 내 것이어야 한다. 결과가 만족스럽지 못하더라도, 내 탓임을 인정해야 한다. 그러기 위해선 내 생각이 있어야 하고, 내가 내 삶을 이끌어야 한다.

'나는 생각한다. 고로 존재한다.' 데카르트의 유명한 말이다. 생각할 수 있어야, 비로소 내가 나로서 존재한다는 데카르트의 말처럼, '생각'은 주체적인 삶을 살아갈 수 있게 한다. 생각이 있어야, 누군가에게 이끌리지 않고, 내가 '나'라는 자아로 살아갈 수 있다. 부모는 아이가 본인의 삶을 살아갈 수 있게 도와야 한다. 주체적인 삶은 자연히 얻어지는 것이 아니다. 세상에 나온 직후부터 틈틈이 사고할 수 있게 도와주고 격려해 주어야 한다. 내가 내 아이에게 물려줄 수 있는 유산은 '깊이 사색하는 삶'이다.

그리고 훗날, 내 아들이 내게 자기 신부를 선택해 달라고 하지 않길 진심으로 바란다.

무엇이든 반복해서 읽어보자

반복은 왜 해야 할까.

영화를 한 번이라도 반복해 본 사람들은 알 것이다. 처음 보았을 때 보지 못했던 장면이나 대사의 의미, 그리고 복선들을 다시 보며 찾아낸 적이 있을 것이다. 처음 보았을 때보다 더 많은 것이 보이고, 더 많은 의미들이 느껴지니 처음 보았을 때와 느낌이 다르다. 한 번 보았을 땐 훑어보기의 느낌이라면, 반복해 보았을 땐 깊이 보기의 느낌이다.

책도 같다. 처음 읽을 땐 내용 파악에 몰두한다면, 다시 읽을 땐 인물들의 세세한 감정선과 겉으로 드러나지 않는 의미들을 살펴볼 여유가 생긴다. 한 번에 모든 정보를 파악하며 읽을 수 있는 사람도 없거니와, 설령 할 수 있다고 할지라도 그렇게 읽어서 좋을 게 없다. 한 번 읽을 때, 모든 내용을 세세히 모두 파악하려고 마음을 먹고 읽는다면 많은 양을 살펴봐야 한다는 부담으로 책이 부담스러워진다. 아무 부담없이 책을 읽을 때 느낄 수 있는 재미와 기쁨을 느끼기 어렵다. 특히 독자가 어린아이라면, 처음 읽을 때 모든 내용을 다 살펴보길 바라선 안 된다.

어린아이일수록, 한 번에 하나의 목표만 세우고 가볍게 읽되, 반복해서 읽으며 책의 다채로운 맛을 느낄 수 있도록 해야 한다.

반복 읽기가 주는 것

반복 읽기는 어휘력 향상에 도움이 된다. 한 권의 책을 반복해서 읽다 보면, 자연히 이야기 줄거리를 보다 정확히 파악할 수 있다. 여러 번 읽으며 인물들의 말과 행동의 의미, 줄거리를 정확히 파악하게 되면, 몰랐던 단어가 나오더라도 단어 뜻을 더 정확히 유추해볼 수 있다. 처음 글을 읽는 도중에는, 뒤 이야기가 어떻게 흘러갈지도 예측하기 쉽지 않기에, 모르는 단어 뜻을 예상해보기란 쉽지 않다.

반복 읽기는 이야기 구조를 파악하게 한다. 어릴 적 전래동화를 읽어본 사람들은 공감할 것이다. 무슨 내용인지는 세세히 기억나지 않아도, 이야기 첫 부분에선 '옛날 옛적에, 깊은 산속에~' 로 시작되고, 결론은 대부분 '그래서 행복하게 살았대~'로 끝난다는 것을 알 것이다. 즉, 정형화된 이야기 구조를 가진 동화들을 반복해 읽으면, 자연스레 이야기 도입 부분과 결말부분 형식을 익히게 된다. 그뿐만 아니라 전래동화를 반복해 읽다 보면, '권선징악'을 추구하는 이야기 구조를 자연히 배우게 된다. 나쁜 사람은 결국 벌을 받고 선한 사람이 해피엔딩을 맞게 될 거라는 이야기 전개 형식을 파악하게 되고, 형식에 따라 결말을 추측할 수도 있게 된다.

내 아이는 실제로 굉장한 반복 독서가다. 어떤 책이든 필히 다섯 번은 보아야 직성이 풀리는 아이이지만, 다른 아이들보다 언어발화가 빠른 편은 아니었기에, 아이가 읽기를 흉내낼 거라 기대하지 않았다. 하지만, 책이 닳도록 반복해 읽는 독서습관은 아이가 이야기 구조를 익혀 스스로 구연하게 했다. 전래동화에 빠져 매일 전래동화를 반복해 읽던 시기였다. 책을 읽어주려고 책을 폈더니, 아이가 대뜸 책 첫장에서 '옛날 옛날에 오누이가 살았어!'라는 말을 했고, 갈등이 고조되는 부분에선 '호랑이가 오누이를 잡아먹으려고 했어!'라고 말했다. 그리고 이야기 마지막 부분에서는, '호랑이는 결국 떨어져 버렸고, 오누이는 해와 달이 됐어'라며 끝을 맺었다. 책에 적혀 있는 글과 정확히 맞아떨어지진 않더라도, 아이는 분명 반복 읽기를 통해 이야기 도입, 절정, 결말의 흐름을 이해하고 있었다.

반복 읽기는 논리적인 사건 전개에 익숙해지게 하고, 결국 논리정연하게 말할 수 있게 돕는다. 책은 서론과 본론, 결론이라는 논리적 흐름으로 만들어져 있다. 서론에선 인물들이 소개되고 사건이 시작된다. 본론에선 사건이 본격적으로 진행되고 갈등이 최고도에 이른다. 결론에서는 문제가 해결되고 주인공이 대부분 해피엔딩을 맞는다.

특히 아이들이 읽는 그림책이나 동화책은 서론과 본론, 결론의 단계를 철저히 지키는 편이다. 인과관계가 정확히 보이고, 논리가 있는 이야기에 반복해 노출되면, 자연히 아이들의 말에도 논리가 생기고 인과관계가 생긴다. 내 아이는 발화가 폭발적으로 발달한 24개월부터, 인과관계를 정확히 이해하고 원인과 결과가 명확히 드러난 문장을 내뱉었다.

'엄마가 없어서 무서웠어.'

'미끄럼틀이 너무 재미있어서 집에 가기 싫었어.'

굉장히 수준 높은 문장은 아니지만, 나는 고작 두 돌 지난 내 아이가 인과관계를 이해하고 표현할 수 있다는 사실에 감탄했고, 그게 다 반복 읽기의 힘이라 믿어 의심치 않았다. 이제 곧 세 돌이 되는 내 아이는 인과관계를 나타내는 문장을 더없이 능숙하게 사용할 수 있게 되었으며, 이야기 결말이 어떻게 될지도 상상한다. 내 아이가 대단하다는 것을 이야기하는 것이 아니다. 그저 책을 여러 번 반복해서 읽으면 이야기 구조에 익숙해지고, 결국 능숙한 언어발화까지 이어진다는 걸 이야기하는 것이다.

반복 읽기는 어떻게 진행할 수 있을까.

우선 재미있는 책이어야 한다. 유익한 책이라고 할지라도, 읽는 이에게 재미가 없으면 반복은커녕 한 번도 제대로 읽어내기 쉽지 않다. 필히 재미있는 책이어야 한다. 부모의 취향과는 다른 책일지라도, 아이가 재미있어하는 책이어야 한다.

반복해 읽을 만한 책을 골랐다면, 처음에는 그저 처음부터 끝까지 가볍게 읽어낸다. 만약 오래 앉아 있는 게 힘든 아이라면, 그림만이라도 처음부터 끝까지 살펴보며 내용이 무엇일지 예상해보게 한다. 처음부터 끝까지 가볍게 읽었다면, 부모와 아이가 서로 번갈아 한 줄씩 또는 한 쪽씩 읽는 방법으로 다시 한 번 읽어낸다. 읽는 도중 아이가 모를 법한 단어가 나올 땐, 아이에게 단어 뜻을 예상하게 한다. 단어 뜻을 정확히 말하기 어려운 아이들은, 아이가 알고 있는 단어 중에 가장 뜻이 비슷할 것 같은 단어로 바꾸어 보라고 한다. 단어 뜻을 정의하기는 어려워도, 알고 있는 비슷한 단어를 말해보라고 하면 좀 더 쉽게 받아들이기 때문이다.

단어를 확인하는 작업은 아이의 어휘력 또한 향상시켜주기에 내용 이해를 위한 반복읽기 단계에서 하는 것이 좋다.

이야기를 파악했다면, 기억에 남는 한 장면만 골라서 다시 읽어보도록 한다. 어린아이일수록 대사나, 글을 기억하기보다 인상 깊은 그림장면을 고르는 경우가 많다. 아이가 선택한 그림을 함께 보며 어떤 점이 좋았는지, 또는 궁금한 점은 무엇인지 이야기 나누며 그림 문해력을 길러보는 것이다.

그림책 중에서도 그림책 속 그림들을 화가의 작품 한 점처럼 성의를 다해 표현한 것들이 많다(대표적으로 앤서니 브라운 작품). 그럼 부모나 교사가 의도적으로 그림에 대해 질문하지 않아도, 아이들은 스스로 숨은 그림을 찾아내고, 이야기와 관련지어 여러 상상작업을 해낸다. 어른 입장에선 말도 안 되는 추측이라 할지라도, 아이의 그림 해석은 무엇이든 가치롭다. 정답을 찾아내지 못하더라도, 정답을 추론하는 과정에서 아이의 사고는 발전하고, 생각하는 힘이 성장한다.

그리고 아이가 다시 한 번 읽도록 한다. 단, 이번에는 주인공이 아닌 조연, 또는 주인공과 반대 진영에서 등장하는 인물의 관점에서 색다르게 책을 읽도록 한다. 주인공과 대항하는 인물 입장에서 주인공의 행동이나 말은 어땠을지, 그리고 결말은 어떻게 느껴질지 생각해 본다. 예를 들어, 작가 '앤서니 브라운'의 '윌리와 악당 벌렁코' 책을 읽고, 악당 벌렁코가 윌리에게 느꼈을 감정, 그리고 자신이 악당으로 불리는 것에 대해 벌렁코는 어떤 기분일지 생각하게 한다. 다들 윌리 입장에서 악당 벌렁코를 당연히 나쁘게 평가해 버리고 마는데, 악당 벌렁코 입장에서 읽게 되면 나름 억울할 수도 있겠다 생각하게 된다. 다른 인물 입장에서 이야기를 반복해 읽는 작업은, 아이들이 상대방 입장을 생각하게 만든다. 주인공에게만 집중되어 있는 시선을 주변으로 확장시켜 다양한 입장을 생각해보게 하고, 공감하게 한다.

마지막으로, 책을 필사하며 한 번 더 반복해 읽도록 하자. 아이 수준에 비해, 어휘가 어렵고 글밥이 많다면 한 쪽만, 그것도 어려우면 한 문장만

베껴 쓰도록 하자. 필사하면, 한 글자, 한 글자에 좀 더 시선이 가고 문맥을 더 정확히 느끼게 된다. 또한, 필사하며 반복해 읽으면, 문장 쓰는 법도 자연히 배울 수 있고, 이야기 호흡도 느낄 수 있다. 결국 아이가 스스로 이야기를 지어내는 데에도 도움이 될 것이다.

아이가 같은 책만 반복해 읽는다고 걱정하기도 한다. 하지만 정말이지, 한 권만 일년 내내 반복해서 읽는 것이 아니라면, 걱정할 필요 없다(물론, 그런 경우는 들어본 적 없다). 아이는 그저 그 이야기 구조라던가, 등장인물 등을 마음에 들어 하는 것이다. 한 권만 평생 반복해 읽을까, 걱정할 필요는 전혀 없다. 나 역시, 독서를 좋아하게 된 계기가 딱 한 권 때문이었다. 무심코 읽어본 책, 그 한 권이 마음에 들어, 틈만 나면 반복해 읽었고, 좋아하는 도서를 반복해 읽다 보니 다른 도서에도 흥미가 생기기 시작했다. 반복 읽기는 독서의 맛을 알게 해, 독서의 확장을 불러온다. 한 권을 반복해 읽는 아이는 책 맛을 보기 시작한 아이이다. 아이 손에서 책 맛을 느끼게 해준 보물같은 그 책을 뺏을 필요는 전혀 없다. 그저 다양한 방법으로 좀 더 재미있고 다채롭게 반복해 읽도록 도와주면 될 일이다.

엄마를 위해 살지 마라

아이는 부모가 행복한지, 불행한지 민감하게 알아차린다. 집을 감도는 공기가 안전한지, 위험한지 누구보다 빠르게 알아차린다. 부모가 행복하면 아이는 안정감을 느낀다. 행복한 부모를 보며, 자기 행복을 찾아 세상을 탐색한다. 반면에, 삶이 늘 불안한 부모를 바라보는 아이는 늘 두렵다. 부모가 어디론가 훌쩍 떠나버릴 것만 같은 걱정을 안고서, 부모가 제발 행복해지기를 바란다. 그렇게 본인의 행복을 생각하기보다 부모의 행복이 우선이 되어, 부모를 위해 행동하고 살아가게 된다.

자신을 위해 사는 삶은 자신에게 집중하게 한다. 내가 무엇을 좋아하고 무엇을 원하는지 생각하게 한다. 아이는 내 뱃속에서 열 달을 살고 세상으로 나온 아이지만, 아이와 나는 서로 다른 몸이다. 서로 다른 인격을 가진 다른 생명체다. 내 유전자를 가지고 나온 아이이지만, 아이는 아이로서 스스로 존재할 수 있어야 나 없이도 살아갈 수 있다. 그러려면 누구보다도 자신에 대해 잘 알아야 한다. 내가 어떤 생각을 가지며 사는지 그리고 어떤 일을 할 때 가장 보람과 행복을 느끼는지, 내 삶에서 어떤 가치에 우선순위를 두며 살고 싶은지, 자기 인생에 대해 자기가 숙고하고 꾸려나가야 한다. 그건 부모가 해 줄 수 없으며, 해 주어서도 안 된다.

교실에서 아이들을 가르치다 가끔 '어떤 활동을 좋아하는지, 왜 좋은지' 등을 수업 시간에 물어보면, '잘 모르겠어요'라며 말하는 때가 있다. 자기가 뭘 좋아하는지 생각해 본 적도 없고, 뭐가 되고 싶은지 생각해 본 적도 없다며, 부모님이 하라고 해서 하는 거라 말하기도 한다. 그 아이들은 자신에 대해 충분히 탐색하고 생각해 볼 시간이 없었던 것이다. 내가 어떤 사람인지에 대해서는 평생을 걸쳐 생각해 보아도 어려운 문제이긴 하다만, 어렸을 때부터 자기 자신에 대해 부단히 고민해 본 사람이어야, 인생에서 크고 작은 선택을 해야 할 때 후회 없는 결단을 내릴 가능성이 높다.

나는 학창 시절 내게 오롯이 집중하지 못했다. 내가 무엇을 좋아하고 원하는지보다 내 부모님이 내게 무엇을 원하시는지 생각하며 가능한 그 틀 안에서 살기를 택했다. 결국, 성인이 되어서도 내가 어떤 걸 원하는지 스스로 확신이 서지 않아 늘 헤매고 매번 결정하는 게 어려웠다.

내 아이는 그러지 않았으면 한다.

자신을 위해 사는 삶은 스스로 책임지는 삶을 살게 한다. 내가 아닌 타인을 위해 살게 되면, 내 선택의 기준과 이유가 타인이 된다. 내 생각과 판단으로 결정을 내리는 것이 아니라, 상대방을 위해서 또는 상대방의 생각과 판단에 따라 결정을 내리게 된다. 상대방에게 의지해 내린 선택의 결과가 긍정적이라면 그나마 다행이지만, 기대만큼 잘 안되었을 때는 '남 탓'을 한다. 내가 내린 선택이지만, 벌어지는 결과를 내 탓으로 여기지 않고 남 탓으로 여겨버리고, 결과를 책임지려 하지 않는다. 내가 내린 선택의 결과가 아니니, 결과에 대한 책임도 내 몫이 아니라 생각하는 것.

부모가 아이에게 원한 직업이 의사라고 가정해 보자. 아이는 부모가 선망한 직업을 갖기 위해 학창 시절 누구보다도 열심히 공부해서 의사가 되었다. 그러나 안타깝게도 의사라는 직업이 본인의 적성에 맞지 않아, 환자를 돌보는 일상이 너무나 힘들고 견딜 수 없다. 이번 생은 망한 것만 같다고 여길 정도. 그때 그 아이는 누구를 가장 많이 원망할 것 같은가. 대부분 부모이지 않을까. 본인에게 본인의 적성과 맞지 않은 직업을 추천한 부모를 원망하고, 본인이 현재 행복하지 않은 탓을 부모에게 전가한다. 물론 부모의 잘못도 있겠지만, 결정한 건 결국 자기 자신이다. 내 인생은 내가 책임져야 한다. 내가 내린 선택은 결과 역시 내가 받아들이고 감당해 내야 한다. 내 아이는 자기 인생을 스스로 선택하고 스스로 책임질 수 있었으면 한다.

자신을 위해 사는 사람은 인생에서 문제를 마주했을 때도 자기 문제를 본인이 스스로 해결하려 애쓴다. 문제가 발생하는 즉시 누군가의 도움을 바라지 않는다. 내가 만들어 가는 내 삶이기에, 스스로 문제를 해결해 보려 애쓴다. 누군가의 도움은 내가 할 수 있는 모든 수를 다 써보아도 답이 없을 때, 그때 떠올려 볼 일이다. 나를 위한 내 삶이니 내가 선택하는 것이고, 문제를 해결하는 것도 나라고 생각하기에 당연하다. 설령 문제 해결법이 잘못되었을지언정, 그것 또한 살아가며 배우는 일이라고 생각하면 될 일이다. 크고 작은 일상 문제들을 스스로 해결해 보고 생각지도 못한 상황에 부딪혀 깨져보기도 하며, 부단히 세상을 배운다.

나는 어렸을 적, 내가 내 문제를 해결해 본 적이 없다. 밥을 스스로 해먹어 볼 줄도 몰랐고, 내 옷을 스스로 빨아볼 줄 몰랐다. 엄마를 도와주려는 마음으로 설거지를 종종 해보았지만, 내가 한 설거지를 엄마가 다시 하시는 것을 보고선 열심히 해볼 마음이 사라졌다(그래 변명이다).

엄마는 늘 말씀하셨다.

'집안일 도와주지 않아도 되니, 공부만 열심히 하라고.'

내가 할 건 그것뿐이라고 하셨다. 공부를 제외하고선, 모든 일상 문제를 부모님이 해결해 주셨다고 생각하면 쉽다. 그렇게 곱디곱게(?) 자란 탓에, 나는 아무것도 할 줄 모르는 '바보 어른'이 되었다. 가장 기본적인 방 청소부터 요리까지, 할 줄 아는 게 없었다. 대학 시절 자취하는 친구 집에 가서 고구마를 쪄먹자고 하고선, 밥솥에 생고구마를 넣기만 하고 가만히 반나절을 기다렸다. 밥솥에 그저 넣기만 하면 뭐든 뚝딱 익는 걸로 알고 있었던 바보였다. 취사라는 버튼을 눌러볼 생각도 하지 않았고, 친구 자취방의 먼지 쌓인 밥솥이 고장 난 거라 치부하며 웃어댔다(그러고 보면, 그 친구도 참 모르는 게 많은 바보 어른이었다). 내 남편은 나와 결혼한 뒤, 할 줄 아는 게 너무도 없는 나를 보고선 참 많이 당황했다. 아무것도 모르는 날 가르친다고 고생한 남편은, 늘 나를 키운다고 이야기할 정도였다. 남편 덕에 뒤늦게라도 일상 문제를 스스로 해결하는 법을 많이 익혔다. 이제야 나는 누군가를 위함이 아니라 '나를 위한 삶'을 살며 '내가 내 문제를 해결하는 법'을 배우는 중이다. 여전히.

내 아이는 나처럼 뒤늦게 배우지 않았으면 한다.

자신을 위해 사는 삶은 자신이 주인공이 될 수 있게 한다. 드라마를 보면, 드라마에선 늘 주인공이 되는 주연이 있고, 주인공을 뒷받침해 주는 조연이 있다. 하지만 현실 세상에서는 주연과 조연이 나누어져 있지 않다. 모든 사람은 자신이 주인공인 삶을 살아간다. 누구도 다른 사람을 위한 조연이 될 수 없다. 내 인생에선 내가 주연이고 내가 주인공이다. 드라마에서 카메라가 향하는 곳은 주인공이다. 카메라가 주인공보다 조연을 계속 비추면, 주인공의 삶이 제대로 그려지지 않는 것처럼, 내 인생을 살면서 다른 사람들 생각에 시선을 많이 뺏기게 되면, 내 삶이 흔들리고 내가 주인공이 되지 못한다. 타인의 생각에 끌려다니게 되고, 타인이 내 삶의 주인공이 되기 쉽다. 아이 인생의 카메라는 항상 아이 본인을 비추고 있어야 한다. 그랬을 때, 아이는 자기 삶에서 주인공이 될 수 있으며, 자신을 위한 삶을 살 수 있다.

내 육아의 신조는 '아이를 사랑하되, 아이보다 나를 더 사랑하는 것'이다. 아이를 사랑하는 마음이 우주보다 크고 표현할 수 없을 만큼 크기 때문에 무엇이든 다 해 주고 싶고, 내 모든 걸 아이에게 바치고 싶지만, 그래서는 안 된다는 것을 안다. 그래서는 아이가 건강하게 자기 삶을 살아나갈 수 없게 될 거란 걸 잘 알기에. 그리고 그건 아이가 진정 행복한 삶이 아니라는 걸 알기에, 나는 내 아이를 사랑하되 나를 더 사랑하고자 한다. 내가 나를 더 사랑해야, 내 아이만을 위한 삶을 살지 않을 것이고, 아이 역시 '나를 위해 사는 나'를 보며, 마음 편히 자기 삶을 꾸려 나갈 수 있지 않을까. 나는 나대로, 아이는 아이대로, 각자의 삶을 건강하게 영위해야만 우리 다함께 건강하게 사랑할 수 있다.

엄마를 위해 살지 마라.

무엇이든 미치지 않고서야 미칠 수 없다

내 아이는 돌이 지난 후부터, 신기하게도 모든 집게와 가위에 큰 관심을 보이더니, 말보다 더 빨리 집게 질과 가위질을 시작했다. 조용히 혼자 놀고 있다 싶으면 늘 손에는 집게와 가위가 있었고, 혼자 이것저것 집어보고 잘라보고 있었다. 밥 먹기를 싫어하는 아이이지만, 식판 옆에 집게나 가위를 두면 어설프지만 열심히 집게 질을 하고 가위질을 하며 밥을 어부지리로라도 한 두 번씩 먹는 아이였다. 유달리 집게를 좋아하고 가위를 좋아한 덕인지, 두 돌이 되기 전부터 젓가락질도 스스로 해보더니 손 조작 능력이 제법 발달했다. 소근육을 잘 타고난 덕도 없지는 않겠지만, 나는 내 아이가 집게와 가위에 꽤 오랜 시간 미쳐있었기에, 어른도 어려워하는 젓가락질에 미칠 수 있었다, 생각한다.

내 어렸을 적 꿈이 작가였던 때가 있었다. 책 읽기를 좋아하고 이런저런 글쓰기를 좋아하던 나는, 책을 읽고 글을 쓰는 것이 업인 작가라는 직업을 선망했다. 하지만, 내 나름 글쓰기를 열심히 해보아도 내가 좋아하는 작가만큼 글솜씨가 나오지 않는 내 글을 보고 꿈을 접었다. 작가라는 직업은 아무래도 타고난 재능이 있어야 하는가 보다, 생각하며 다른 꿈을 찾았다.

그리고 나는 늘 작가들을 부러워했다. 어쩜 저렇게 내 마음을 저격하는 글을 잘 쓰는 건지. 어쩜 저렇게 완벽하게 아름다운 문장을 쓰는 건지. 어떤 유전자를 전해 받으면 그리되는 건지, 다시 태어나야만 되는 건지. 내 신세를 한탄하고, 그들의 유전자를 부러워하기만 했다. 사실 그러는 편이 내 처지를 정당화하고 내 마음을 위로하는 데 더 도움이 되었기에 그랬던 게 아닐까, 싶다. 타인의 성공 뒤엔 타고난 재능이라던가 내가 어찌할 수 없는 운의 요소가 있다고 생각하면, 내 노력을 탓하지 않아도 되니 말이다.

내 생각이 짧았다는 건, 꽤 오랜 시간이 지난 후에서야 알게 되었다. 작가가 되고 싶다면 작가가 될 수 있는 지경까지 미쳐야 한다는 것을, 성인이 되고 난 후 글쓰기에 제대로 미친 뒤에야 깨달았다. 내가 어릴 적엔 그저 일상 글쓰기를 하는 수준이었을 뿐, 글쓰기에 미쳐있지 않았던 것이다. 글쓰기에 제대로 미쳐보니 미치는 수준이 어느 정도인지 절절히 느낄 수 있었다. 내게 안겨야만 잠을 잘 수 있는 아이를 한 손으로 끌어안은 채, 다른 한 손으로는 기어코 책을 들고 읽고 있는 나를 보며 '이게 바로 책에 미친 거구나' 싶었다. 가족끼리 여행 간 곳에서도 아이와 남편이 잠든 새벽, 혼자 조용히 일어나 화장실에서 쭈구려 앉아 필사하고 글을 적는 내 모습을 보며 이게 바로 '글쓰기에 미치는 지경이구나', 생각했다. 내 시간엔 온통 글 생각뿐이었다. 미친다는 것은, 더 이상 노력할 수 있는 것이 없을 정도로, 남은 노력을 다 짜내었을 때 쓸 수 있는 말이었다.

마침내, 나는 작가가 되었다. 작가는 타고난 재능만 있으면 그저 될 수 있는 것이 아니었다. 글쓰기에 타고난 재능이 있더라도, 글쓰기를 갈고 닦지 않고, 미치지 않으면 작가뿐 아니라 그 어떤 것도 쉽게 이룰 수 없는 것이었다. 역시나, 세상엔 무엇이든 미치지 않고서야, 미칠 수 있는 것은 없었다. 고작 24개월인 아이가 집게 질과 가위질을 능숙하게 하고, 젓가락질하는 데에도 그만한 미침이 있어야 가능한 것이었는데, 누군가의 성공에 대해 내가 너무 쉽게 생각하며 살았다.

우리가 잘 알고 있는 미국의 발명가, 에디슨에 대해 생각해 보자. 에디슨은 특허왕이라고 불릴 정도로 발명을 많이 하였다. 우리가 편안한 삶을 사는 데 많은 도움이 되는 전구 역시, 토머스 에디슨이 발명한 것이다. 상상하고 생각하는 것마다 현실이 되고 혁신이 되는 것만 같은 그는, 많은 이들에게 타고난 천재로 알려져 있었다. 그래서인지 사람들은 그를 타고난 재능이 있어 노력하지 않고서도 발명을 쉽게 척척 해내는 사람으로 인식하였다. 하지만 정작 에디슨은 스스로를 그렇게 생각하지 않았다. 그는 사람들의 말에 반박이라도 한 듯, '천재란 99%가 땀이며, 1%가 영감이다'라는 말을 남겼다. 뭐든 쉬울 것만 같은 천재라 할지라도, 99%의 노력이 없다면 100%가 되지 않는다는 것이다. 기발한 착상이라 불리는 영감이 1%를 차지하고 있지만, 천재란 '99%의 기발한 생각과 1% 정도의 노력만 있으면 되지 않을까' 생각하는 사람들의 생각과는 많이 다르다는 걸 알 수 있다. 어쩌면 에디슨은 전구를 발명하기 위해 본인이 들였던 수많은 시도와 실패, 노력을 알아주지 않는 사람들을 원망했던 건 아닐까.

내가 참 좋아하는 작가가 있다. 어려운 개념을 쉽게 풀어 설명할 줄 알고, 내가 읽고 있는 것이 글이지만, 마치 말인 양 편안한 느낌을 받게 되는 글을 쓰는 사람. 내 기준에서 그런 사람은 작가 유시민이다. 나는 한 번 보았던 건 책이든 영화든 웬만해선 다시 보지 않는 편이지만, 유시민 작가의 책은 열 번을 넘게 필사하며 읽을 정도로 나는 작가 유시민을 선망하고 존경한다. 그의 글에 늘 매료되고 그의 생각에 감탄한다. 어쩜 이렇게 맛있는 글을 쓸 수 있을까. 늘 부러웠다.

그런 작가 유시민은 본인의 글솜씨를 타고난 재능 덕으로 이야기하며 부러워하는 '나 같은' 사람들에게 말했다. 그는 노력을 정말 많이 했다고. 어렸을 적부터 집에서 보이는 책들을 이것저것 많이 읽었고, 작가가 업이기 전인, 대학생 시절과 정치인 시절에도 이런저런 글을 많이 쓰며 노력을 참 많이 했다고 한다. 그는 글을 읽고 쓰는 것을 게을리하지 않았다. 그랬던 노력이 있었기에, 그는 전업 작가가 될 수 있었다. 천부적인 재능을 타고난 것만 같은 사람이더라도, 어떤 한 분야의 전문가가 되기 위해서는 그만한 노력이 있어야 한다는 것을 그를 통해 느꼈다.

성공의 법칙이라고 알려진 1만 시간의 법칙이란 것이 있다. 어떤 분야의 전문가가 되기 위해서는 적어도 1만 시간 정도의 훈련이 필요하다는 의미이다. 수치상으로 정확하게 1만 시간이 되었을 때, 어떤 분야에서 성공한다거나 전문가가 된다는 말이라기보다는, 그만큼 매일 내 시간을 투자하는 노력을 꾸준히 해야 성공한다는 것을 말한다. 한 달, 두 달 짧은 기간이 아니라, 끝이 보이지 않을 만큼 오랜 기간, 내가 할 수 있는 한 최선을 다해야 한다. 그게 바로 성공의 법칙이고, 무언가에 미치기 위한 노력이다. 하루에 10시간씩 3년을 노력할 수 없다면, 하루에 3시간씩 10년을 노력하면 되는 것이고, 그것도 어렵다면 하루에 1시간씩 30년을 노력하면 되는 일이다.

나는 교사가 되고 싶었다. 내 고등학교 시절의 목표는 초등학교 교사가 될 수 있는 교육대학교에 입학하는 것이었다. 놀고 싶은 마음을 꾹 참고, 매일 독서실에서 피, 땀, 눈물을 흘려가며 공부했다. 하루에 최소 10시간씩은 공부했다. 매일 공부 시간을 측정해 기록했다. 내 노력을 내 눈으로 확인하며, 몸과 마음이 지쳐 공부할 수 없는 날에도 잠시라도 공부하려 애쓰며 살았다. 공부에 미친 듯 살았다.

그래야만, 내가 원하는 경지에 도달할 수 있을 거로 생각하며, 공부에 빠져 살았다. 때론 힘들고 외로웠지만, 내 미친 노력이 목표 달성에 기필코 미칠 거라 확신했기에 견뎠고, 끝내 나는 내 꿈에 미쳤다.

우리 시대에 성공한 사람으로 불리는 사람들은 각자가 이룬 성공 비결을 이야기한다. 누군가는 부모의 경제력을 성공의 비결로 이야기하기도 하고, 타고난 재능을 이야기하기도 하지만, 모두 이야기한 공통적인 성공 비결은 바로 '노력'이다. 아이가 집게를 사용하고 젓가락을 사용하고 가위를 현란하게 다루기 위해서도 나름의 노력이 필요했던 것처럼, 모든 일을 잘 해내고 어느 경지에 미치기 위해선 그만한 노력이 필요하다. 아이에게는 앞으로 집게나 가위, 젓가락을 사용하기 위해 들였던 노력보다 더한 노력을 들여야 할 일들이 많아질 거다. 어느 때는 아이가 들인 노력에 미치는 결과를 받지 못해 아이가 허무해할 수도 있겠지만, 아이가 미친 듯 부었던 노력은 그 어디에서든 다시 아이에게 미칠 수 있으니 너무 좌절하지 않도록 이야기해 주자. 어딘가에 미치기 위해 미쳤던 노력은 사라지지 않는다. 어디에나 있고, 언제든 다시 돌아올 수 있으니, 원하는 게 있다면 주저하지 말고, 일단 미친 듯 빠져보길 바란다.

무엇이든 미치지 않고서야, 미칠 수 있는 것은 없다.

실패는 성공의 가치를 더 높여준다

내 아이는 오늘도 혼자서 끙끙대며 옷을 입으려 노력해 보지만, 쉽지 않다. 도무지 쉽게 입어 지지 않는 옷과 씨름하며 애타는 눈으로 날 쳐다보지만, 나 역시 쉽게 도와줄 리 없다. 내가 도와주면 1분도 걸리지 않을 일이지만, 오랜 시간이 걸려 아이가 성공해 낸다면 그만큼 값진 성공이 없을 테니, 아이의 실패를 지켜보는 편을 택한다. 실패가 쌓이면 쌓일수록, 아이가 해냈을 때 느낄 희열감은 더할 것이고, 성공의 가치는 더 높아질 것이다. 물론, 실패를 좋아하는 사람은 없다. 내가 원하는 것들을 실패 없이 단숨에 얻을 수 있다면 참 좋겠지만, 세상사가 내 구미에 맞게만 돌아가는 게 아니기에 실패는 내 삶 곳곳에 도사리고 있다는 사실을 받아들여야 한다. 엄청난 부를 가진 사람이라던가 성공한 사람이라 할지라도, 그들 역시 작고 큰 실패를 마주한다. 성공한 사람은 실패하지 않아서 성공한 것이 아니라, 실패를 성공의 기반으로 삼아서 도약했기에 성공한 것이다. 무슨 일을 하든, 어떤 사람이든 결국 한 번쯤은 모두 실패를 하게 되는 거라면, 실패는 있을 수밖에 없다는 것을 받아들이고 긍정적으로 받아들이는 것이 현명하다.

　실패는 메타인지를 높여준다. '생각에 관한 생각, 상위인지, 초인지'라고 불리는 메타인지는 내가 아는 것과 내가 모르는 것을 구분하고 익히게 한다. 나는 초등학교 때 피아노를 취미로 배웠다. 취미로 배웠던 피아노였지만, 피아노 대회에서 입상하고 싶었다. 악보를 보며 열심히 피아노 건반을 두드리는 연습만 하면 되지 않을까 싶어, 피아노 연습을 게을리하지 않았지만 입상하지 못했다. 열심히 노력했던 탓에 속상하기도 했다. 내 연주에 어떤 점이 부족했는지 알 수 없어 결과를 받아들이지 못했다. 나는 피아노 학원 선생님이 녹화해 준 비디오 영상을 보며, 학원 선생님과 함께 분석했다. 어떤 점이 부족했고 어떤 부분에서 아쉬웠는지 스스로 느낄 수 있을 만큼 반복해서 살펴보고 내 연주를 돌아보았다. 실패는 내게 좌절감을 주었지만, 실패는 내가 나를 돌아보고 어떤 점이 강점이고 약점인지 살펴볼 수 있는 메타인지 능력을 높여주었다. 나는 그 후, 출전한 피아노 대회에서 특선이라는 상을 받을 수 있었다. 내가 만약 첫 피아노 대회에서 실패라는 고배를 마시지 않았다면, 내가 가진 것과 가지지 못한 것들을 생각해 볼 수도 없었을뿐더러, 작은 입상도 꿈꾸지 못했을 것이다.

실패는 사람을 겸손하게 만든다. 나는 10대 시절, 내가 공부를 꽤 잘하는 편이라 생각했다. 친구들과 함께 놀아도, 같이 놀았던 친구들에 비해 성적이 잘 나왔고, 학업이 우수한 학생이라는 수식어가 달려있던 사람이었기에 나는 '그런 사람'이라고 당연히 생각했다. 그러나 오산이었다. 내 인생에 '재수'라는 건 없을 거로 생각한 내 자만이 무너지는 순간이 찾아왔다. 나는 대학을 졸업하는 해, 교사가 되기 위해 치렀던 임용고시에서 낙방이라는 실패를 맛보았다. 임용고시를 준비하는 학생이라고 생각하지 못할 만큼 즐거이 놀던 내가, 무슨 자신감에서였는지 임용도 당연히 한 번에 붙을 거로 생각했다. 결과는 너무나 현실적이었고, 현실은 생각보다 꽤 절망적이었다. 세상은 나를 중심으로 돌아가나, 라고 여길 만큼 뭐든 내가 원하는 대로 잘 풀리기만 했던 내 삶이었기에, 시험 낙방이라는 결과는 충격적이었다. 하지만 그 실패 덕분에, 자만 가득했던 내가 고개를 숙이게 되는 계기가 되었다. 나 역시, 실패할 수 있는 사람인 것을 받아들이고, '노력'을 숭고하게 받아들이게 되었다. 내가 '언제나, 당연히' 성공할 수 있는 사람이 아니라는 것, 내 노력이 없다면 실패가 언제나 들이닥칠 수 있다는 사실은, 나를 긴장하게 했고 노력하게 했다. 내가 잘 나서 성공했던 것이 아니라, 내가 들였던 노력만큼 성공했던 것이라는 걸 실패하고서야 깨달았다.

실패는 인내심과 지구력을 높여준다. 나는 아이가 옷을 입으려고 시도해 보는 때마다 아이의 인내심과 지구력은 조금씩 성장하고 있다고 생각한다. 처음에는 5초 정도 시도해 보다가, 다음번엔 10초 동안 시도를 해보고, 그다음엔 20초 동안 시도를 해보는 아이를 보면서, 아이는 지난번보다 인내심이 더 성장했구나, 느낄 수 있었다. 실패를 통해 성공한 사람들은 '실패를 맛보고 이내 포기하는 자들은 성공을 결코 알 수 없다'고 말한다. 그들이 얼마나 성공의 목전에 왔는지 알아채지 못하고, 고지 앞에서 포기하고 만다는 것을 실패 후 포기하는 자들은 결국 알지 못한다고 말한다. 열 번을 시도했던 일이 실패했다면, 다음 시도에선 15번을 시도해 보아야 하고, 그 후에는 스무 번을 시도해 보아야 한다. 설령 그 끝이 또다시 실패일지라도, 실패를 거듭하고 내 노력을 늘려가는 동안, 성공을 위한 인내심과 지구력은 상승하는 것이니 절망할 필요 없다. 아이가 쉽게 성공해 낼 수 있는 과업만 제시한다면, 실패를 맛볼 기회도 없고 실패하면서 성장시킬 끈기라던가 인내라는 게 생길 일이 없다. 성공했지만 성공이 아닌 것이다.

실패는 공감하는 마음을 가지게 한다. 늘 성공만 해본 사람들은 실패를 겪는 사람들이 그저, 노력하지 않아 실패하는 것이라며 그들의 노력을 탓한다. 실패를 겪고 힘들어하는 사람들에게, 따뜻한 위로를 건네기보다 '네가 더 열심히 노력했어야지'라며 가혹하게 몰아세운다. 하지만 여러 아이를 가르치고 키워내야 하는 교사인 나에게는 실패 경험이 대단히 큰 도움이 되었다. 무엇 하나 처음부터 잘하기 어렵고, 여러 번의 시행착오를 겪어야 해낼 수 있는 어린아이들을 상대할 때, 조금 더 너그러운 마음으로 대할 수 있게 했다. 실패하는 아이가 겪을 좌절을 먼저 떠올려 볼 수 있게 되었고, 내가 그 아이라면, 어떤 말과 위로 또는 조언을 바랄지 헤아리게 했다. 실패 경험은 실패를 겪은 사람들이 진정으로 필요한 위로와 조언은 무엇인지 살펴볼 줄 아는 사람이 되게 한다.

실패는 회복탄력성을 키워준다. 공부 잘하기로 늘 인정받던 학생들이나 인기의 최절정을 달려본 연예인 중에는 간혹, 실패를 겪은 뒤 다시 일어서기를 어려워하는 사람들이 있다. 하는 것마다 늘 잘 해내며 성공 가도를 달린 사람들은 실패가 주는 좌절감을 느껴본 적이 없기에, 좌절감을 스스로 감당해 낼 줄 모른다. 자연히, 자그마한 실수나 실패에도 패배감을 느끼며 좌절감에 무너지고 마는 것이다. 반면에, 실패를 딛고 성공해 본 사람들은 회복탄력성을 키울 수 있다. 실패했을 때, 스스로가 자신을 돌보기 위한 전략이라던가 위로 방법을 찾아낼 수도 있고, 좌절감을 건강하게 승화시키기 위해 어떻게 해야 하는지 탐색할 기회가 있는 것이다. 실패를 처음 겪었을 땐, 내 세상이 모두 무너진 것만 같을지라도, 실패 안에서 내가 성장한다는 것을 느낀 사람들은 실패한 시간 속에서 다시 일어나는 회복력을 키운다.

나는 임용고시 재수를 한 내 경험이 나를 성숙하게 만들었다고 생각한다. 생각지도 못했던 실패를 통해 내가 가진 것들과 내게 부족한 것들을 살펴볼 수 있게 되었고, 노력의 중요성이라던가 내가 가진 인내심은 어느 정도인지에 대해서도 생각해 보았다. 동시에, 또다시 내게 실패가 찾아오더라도, 어떻게 이겨낼 수 있을지 스스로 방도를 마련해 보는 계기가 되었다. 그건 내가 살아가는 힘이 되었고, 나를 지키기 위한 회복탄력성이 되었다. 나는 재수라는 좌절을 겪어본 뒤에, 한동안 우스갯소리로 '인생에서 재수란 걸 한 번도 안 해본 사람과는 겸상하지 않는다'라는 농담을 던졌다. 실패해 본 사람은 실패를 경험해 보지 않은 사람과는 인생의 결이 다르다는 것을 말하고 싶어서였을까. 실패를 많이 해보았다는 것은, 그만큼 많은 시도를 해보았다는 것이고 노력을 많이 했다는 것이기에, 부끄러워하거나 두려워할 일이 아니다. 아무것도 하지 않으면 아무 일도 일어나지 않겠지만, 그건 어째선지 너무나 재미없고 따분한 삶이 아닌가. 무수한 실패가 있더라도, 이리저리 시도해 보고 해결해 보려 노력한다면, 언젠가 아이 인생에 펼쳐질 성공에는 더할 나위 없이 짜릿한 성공의 맛이 느껴질 것이다.

제3장
꿈꾸고 도전하고 성장하는 너는 아름답다

김경화

너는 결코 작지 않다

큰 아이가 태어난 지 벌써 17년이 되어간다. 처음 태어났을 때 나의 몸에서 난 내가 아닌 다른 존재인 작은 생명을 어떻게 키워나갈지 막막했다. 처음으로 엄마가 되어서 아무것도 모르고 아이를 키워가면서 나도 아이와 같이 성장해간다. 둘째와 셋째까지 금방 태어났을 때 건강하게만 태어난 것도 정말 너무너무 감동적이고 감사했지만, 세월이 지나가면서 어느 때부터인가 점점 자녀들에 대한 바람이 커지고 점점 자녀들을 나의 기준으로 바라보기 시작했다. 아이들도 처음에는 그냥 본초적으로 엄마의 사랑이 필요했고 원했고 바랐지만, 점점 자아의식이 생기고 그들도 점점 자신의 기준으로 세상을 바라보기 시작하였다.

자신의 의식이 생기면서 부모나 조부모의 눈치를 보기 시작한 아이들은 주변 어른들의 "~하면 안 된다.", "~하면 위험하다", "~하지 마라" 등

말을 들어가면서 많은 제약을 받아 간다. 자신이 원하는 것을 손에 넣기 위하여 처음에는 떼도 써보고 졸라보고 울어보지만, 부모는 그 모든 요구를 만족시켜 주지 않거나 만족시켜 줄 수 없었다. 아이들은 자신이 원하는 것을 다 가질 수 없다는 것을 알고 떼쓰기도 포기하고 스스로 자신의 원하는 것들을 하나씩 감옥에 가두고 있었다. '해봐야 어차피 사주지 않을 건데'하는 믿음이 생기면서 점점 환경의 한계와 제 약속에 자신을 놓아두기 시작한다. 갓난쟁이 때부터 젖을 빨려고 그렇게 몸부림치면서 걸음마 걸을 때까지 애들은 포기할 줄 모르고 자라지만 점점 자신을 한계 속에 가두면서 더 이상 큰 꿈을 꾸지 않고 환경, 부모 탓을 하는 습관이 생겨났다. 그러면서 많은 십 대나 20대 심지어 30대까지도 꿈을 가지지 못하고 무엇을 잘하는지 모르는 사람도 많아졌다.

얼마 전 우연히 3.1절 어린 독립군에 관한 영상을 보았는데 독립전쟁 시기에도 수많은 꽃다운 10대들이 독립운동하다가 체포되어 최근에 그 이름이 공개되었다. 그들은 최광윤(18), 오승훈(18), 안옥자(17), 신기철(18), 소은명(14), 성혜자(15), 석낙응(14), 이범재(16), 박홍식(17), 박양순(17), 김세환(17), 김마리아(17), 이병희(19), 이범재(16), 유관순(16), 이들은 10대에 나라의 안위를 생각했고 나라를 위해서 목숨까지 내놓았다. 중국에도 다싱안링에 큰 산불 났을 때 14살의 뢰녕이라는 아이가 동참해서 목숨을 바쳤고 소년 영웅으로 되었다.

10대에도 나라의 안위를 생각할 힘이 있다는 것을 충분히 알려주고 있는 내용이었다. 그 시대의 10대보다 요즘 시대의 10대는 훨씬 더 똑똑하고 개성이 넘친다. 그러나 지금의 많은 아이는 부모가 하라고 해서 하고 자신이 진정 무엇을 원하는지 모른다. 어떤 아이들이 꿈 없는 10대를 보내는 동안 어떤 멋진 10대들은 자신의 원하는 것을 확실히 알고 목표와 계획을 세워 10대에 자신의 꿈을 이루는 아이들도 있다. 어떤 10대는 대학이나 대학원에 가는 아이도 있다. 또 많은 자수성가한 10대도 있는 상황이다. 10대는 정말 많은 배움을 얻는 데 집중을 하고 준비하고 노력하고 실천하고 더 멋진 20대를 준비하는 것이다. 지금은 10대이기에 방향만 바로 잡으면 천천히 가도 된다. 조급히 가지 않더라도 한 걸음씩 성장해 나갈 수 있는 최고로 좋은 시기라고 생각한다.

10대는 누구나 다 배우는 시기이기에 특별한 천재들을 제외하면 아이들이 비슷비슷하다. 이럴 때 꿈꾸는 자만이 10대를 멋지게 보낼 수 있다. 달팽이도 베짱이도 갈매기도 모두 꿈을 꾼다. 10대이기에 마음껏 꿈을 꾸고 자유롭게 자신의 미래를 멋지게 그릴 수 있다. 백지 같은 도화지에 멋지게 아름답게 자신의 인생을 그리면 된다. 좋아하는 색깔로 좋아하는 그림을 그리면 된다. 어차피 인생은 죽을 때까지 숙제해야 한다. 10대에는 10대만의 숙제, 20대는 20대의 숙제, 이렇게 평생 숙제를 해야 하고 단계마다 또 다른 숙제가 있으면서 모든 숙제가 완성되면 그때는 우리는 미련 없이 이 세상을 자유롭게 떠날 수 있다.

10대는 결코 작지 않다. 사람은 태어나서부터 죽을 때까지 계속 배워야 한다. 대학교 마치고 또 많은 것을 배워야 하고 직장 다니다가 퇴직해서도 계속 배워야 한다. 배우지 않은 사람은 성장이 멈춘다. 내가 말하는 성장은 육체적인 성장뿐만 아니라 정신적 나아가서 영적인 성장을 말한다. 우리는 하루에 육체를 위하여 일용할 양식을 2~4회 그 이상으로 먹을 때도 있다. 정신을 위하여서는 독서하고 많은 것을 배운다. 영적인 진보를 위하여 많은 사람은 준비하지 않는다. 지금 나는 영적인 책을 많이 읽는 편이다. 책을 읽으면서 사람은 아기나 어른이나 다 같은 존귀한 영혼의 존재이고 모두 하나님이 기뻐하시는 창조물임을 알고 있다. 누가 더 잘나고 누가 더 못 났는가는 창조주 앞에 상관없이 모두 하나님이 모든 존재에게 하나님의 영을 부어 주셨다는 것이다.

직장을 다니면서 노인 인권 교육을 배우는 시간이 있었는데 느끼는 바는 아무것도 할 수 없는 노인이나 건강한 40대나 모두 같은 인권을 가지고 있고 모두 자신의 존엄이 있다는 것이다. 어르신들 존중하고 인격적으로 대하며 나 역시 인격적인 인간이 되어야 한다고 생각했다. 결코 나는 그들보다 더 나은 것이 없다.

아이들이 아빠 생일에 딸기 케이크를 직접 만들었다. 나는 그 모습을 보면서 마음이 너무 뿌듯했다. 케이크를 만드는 것도 처음에는 잘 만들지 못했지만, 아이들은 자주 만들었고 수많은 실수를 반복하면서 점점 모양도 예뻐지고 맛도 좋게 만들었다. 초등학교 4~5학년 때부터 무언가를 만들기 시작하여 이제 중학생이 된 큰애와 둘째는 유튜브 영상보고 쿠키도 제법 잘 만든다. 만든 쿠키를 직장에 들고 가서 동료 선생님들과 나눠 먹으니 동료 선생님들이 모두 잘 만들었다고 애들이 어떻게 그런 취미를 갖고 있냐며 칭찬했었다. 엄마인 나는 이런 딸들이 더 사랑스럽고 예뻤다.

케이크나 쿠키를 만들듯이 하고 싶은 것, 원하는 것을 했으면 좋겠다는 생각이 든다. 원하는 것을 할 때 힘들어도 참을 수 있고 즐겁게 할 힘이 생긴다. 둘째는 친구들과 선생님들에게 쿠키를 만들어 준다고 온종일 서 있어서 발에 물집이 난 일이 있다. 이튿날 물집 난 발을 절뚝거리면서도 기분 좋게 쿠키를 친구들과 선생님들께 전한다고 기뻐할 때 결코 애네들은 작지 않고 엄마인 나보다 훨씬 낫다고 생각했다. 이제 내가 없어도 밥도 잘 챙겨 먹고 동생도 잘 돌봐준다. 연년생 언니들이 막내를 돌봐주니 내 마음이 한결 편해졌고 든든한 지원군들 덕분에 삶을 더 아름답게 볼 수 있다. 쿠키를 만들 때처럼 날마다 열정을 내어 쿠키를 만들지 않듯이 어떤 일을 하면서 그 열정을 지속하기는 쉽지 않다. 그러나 자신이 정말 하고 싶은 것, 간절히 바라는 것은 계속할 힘을 가지고 있다.

10대인 아이들도 지금부터 살아가면서 필요한 지식을 하나씩 배워나가야 한다. 우리는 누구나 내면에 다듬어지지 않은 원석 같은 존재를 갖고 있다. 그 존재는 그냥 드러나서 빛을 발하지 않는다. 그 위대한 존재는 우리가 갈고 닦을수록 더욱 빛을 내게 되는 법이다. 어떻게 하면 자기 내면의 더 멋진 존재를 이 세상에 표현할 수 있을지를 생각하면서 무엇이든지 원하는 것을 이루고자 하면 1만 시간 이상의 노력이 들어가야 한다. 시간을 투자해야 하고 열정과 마음을 모두 쏟아부어야 한다. 노력 없이 이루어지는 것은 아무것도 없다. 왜냐하면 지구는 3차원 세상이고 3차원 세상에서는 원하는 것을 눈앞에 만들어 내려면 시간이 필요한 것이다. 그러나 3차원보다 높은 의식의 단계 5차원 이상의 세계에서는 원하기만 하면 바로 이루어지는 다른 세계가 있다. 그 세계는 아이들이 나중에 관심이 있다면 얘기해주기로 했다.

　지금은 우리는 원하는 것을 얻을 때까지 온몸의 힘을 다하여 그것을 이루어나가도록 행동해야 한다. 지금 우리가 각자의 자리에서 해야 할 일을 하지 않으면 앞으로 살아가면서 더 많은 일에 치우치게 된다. 마치 오늘의 설거지를 하지 않으면 내일의 설거지까지 더 많은 설거지를 해야 하듯이. 시간은 귀하고 한번 가면 돌아오지 않는다. 우리는 이 흘러가는 시간을 놓쳐 버릴 수도 있고 또 그 시간을 활용해서 무엇인가를 해낼 수도 있다. 시간을 활용하느냐? 낭비할 것이냐는 각자의 선택이다. 어떠한 선택을 하든지 그에 따르는 결과는 확실하게 나타난다. 시간을 낭비하는 선택을 했을 때 후회하게 되고 어떤 것도 이루지 못했다는 좌절감과 죄책감도 들 수 있다. 흘러가는 시간을 잘 사용해서 조그마한 결과라도 내면 작은 성취의 기쁨으로 점점 성공해 가는 삶을 살아갈 수 있다. 후회하는 삶을 원하느냐? 정말 보람 있는 삶을 원하느냐는 전적으로 지금에 달려 있다.

마음껏 바라고 마음껏 꿈꾸고 이루어가야 한다. 방향을 잡고 나아갈 때 빠르지 않더라도 더 멋진 사람으로 성장하여 가는 것이다. 결코 작지 않은 10대, 자신 안의 원석을 갈고 닦는 과정을 즐기면서 원하는 것을 지금부터 가슴에 새기고 그 길을 한 걸음씩 담대하게 열정적으로 나아가야 한다.

가슴 뛰는 일을 찾아 도전해라

"모든 성취의 출발점은 꿈을 꾸는 것으로부터 시작된다."
나폴레옹 보나파르트

꿈은 우리가 가슴속에 정말 간절히 원하는 것을 말한다. 지금 이 시기에 원하는 것, 하고 싶은 것, 가고 싶은 곳, 갖고 싶은 것, 되고 싶은 것이 무엇인지 자신에게 질문을 해 봤으면 좋겠다. 자신에게 질문을 해야 자신 안에서 해답을 얻을 수 있다. 다른 사람들은 자신의 기준으로 세상을 살아가기에 참고는 할 수 있지만, 그들은 결코 나의 인생을 살아 줄 수 없다. 꿈을 가지고 이루고 더 큰 꿈을 가질 때 우리는 가슴이 설레고 기대하고 열의를 가지고 더 큰 꿈을 가지고 계속 도전을 할 수 있다.

40대에 들어서 꿈을 가지고 살아가니 삶을 보는 시각이 예전과 완전히 달라졌다. 이전에 힘없고 무기력하고 무엇을 위해 살아가야 하는지를 잘 몰랐지만, 지금은 원하는 삶이 있고 그것을 위하여 날마다 전진해 나가고 어제보다 더 나은 오늘을 살아가기에 하루가 빠르게 지나간다. 작가가 되겠다는 꿈을 이루고 계속 책을 써내고자 하는 꿈은 나의 삶에 가슴이 뛰게 한다. 가슴이 뛰고 설레어서 하는 일이기에 나는 무엇 보다 즐기면서 스트레스받지 않고 집중해 나갈 수 있다. 앞으로 더 멋진 날들을 기대하면서 살아가니 살아가는 하루가 바쁘지만 즐겁다.

언젠가 아이들에게 꿈이 무엇이냐고 물어본 적이 있다. 큰 애는 어릴 때 의상디자인 하고 싶다고 했고 둘째는 구조대원 하고자 했고 막내는 사장님 한다고 했다. 물론 아이들의 꿈은 수시로 변할 수도 있다. 세상을 살아가면서 각 지점에서 바라는 것이 다르고 그에 따라 삶이 바뀐다. 바라는 것이 없으면 방향이 없어 마치 모르는 곳으로 갈 때 내비게이션이 없어서 어떻게 가야 할지를 모르는 것과 같다. 인생에 내비게이션이 되는 꿈이 있어서 바라고 목표를 설정하고 그곳으로 가기를 바란다. 방황하는 삶은 세월을 낭비하고 그때가 되어 자신이 아무런 성과도 이루어 낸 것이 없다면 삶은 정말 비참하다. 도대체 무엇을 위해서 살고 왜 살아가야 하는지는 평생 과제이다. 하루라도 빠른 나이에 깨닫고 조금씩 준비해 가는 인생이 가장 빠른 길이다. 인생은 어느 날 갑자기 내가 원하는 삶이 펼쳐지지 않는다. 지금, 오늘을 어떻게 살아가느냐에 따라 내가 원하는 인생을 살게 된다. 지금 10대, 20대 대부분 아이들은 가정도 없고 부담도 적고 부모가 많이 도와주는 이 시기를 온전히 자신을 위해 가슴을 불태우길 바란다. 열정을 내야 열정이 생기고 큰 꿈을 가져야 작은 꿈이라도 이루어진다. 원하는 것을 이루려면 그 생각만으로는 이루어지지 않는다. 원하는 것을 계속 생각하고 반복적으로 생각하고 주의를 그곳에 집중시키면서 세워진 방향을 향해 한 걸음씩 나아가야 한다.

모 인기 스타가수 B씨는 이렇게 말한 적이 있다. "어렸을 때 꿈이 20억 버는 일이라고 자신 있게 했다. 20억을 벌고 나면 자신이 정말로 하고 싶은 것을 하면서 살 수 있을 것 같다고 했다. 그러나 25살에 20억을 벌고 나니 세상이 너무 허무하다고 했다. 그래서 그는 미국에 K-POP을 최초로 미국에 진출시키겠다는 더 큰 꿈을 가졌고 5년의 세월과 돈과 땀을 다 바쳤는데 2008년 리먼 브러더스 사태로 완전히 TOP 스타 아니면 다 접는 현실에서 많은 음반사 직원이 해고되고 모든 것이 다 취소되었다. 너무나 많이 고민하다가 깨달은 것은 꿈이 잘못되었다는 것이다. "~을 이루어지면 허무하고 안 이루어지면 슬프다." 이것은 답이 아니라고 말한다. 그는 "나는 무엇이 되고 싶다."라는 것은 수단이고 "무엇을 위해 살고 싶다."라는 것은 동기라고 했다. '무엇이 돼서 무엇을 하고 싶다.' 여기에서 인생 전체를 걸만한 위치에서 가치로 가는 것이다. 가치를 바라고 향하는 인생은 가슴이 뛴다. 가치를 추구하기보다 돈을 버는 것을 목적으로 하는 인생은 이루어도 혼란스럽다. 돈은 있다가도 없고 없다가도 있을 수 있다. 돈을 목표로 사는 인생은 방황하기 쉽다.

요즘 사회적으로 고령화가 높아진다. 일본은 우리보다 훨씬 고령화가 빨리 되어 지금은 초고령 사회로 진입했다. 일본의 많은 어르신 중 80세 이후에 자신이 평생 하고 싶었지만 자녀와 가족을 위해 희생하고 나서 고령에 진정으로 자신이 하고 싶은 것에 도전하고 그 꿈을 향해 시도하고 노력하고 꿈을 이루어내신 분들의 사례를 알고 있다. 요양보호사로 일을 하니 자연히 어르신들에 대해 관심을 더 많이 가지고 있다. 한국의 박막례 할머니도 젊은이들도 쉽게 못 하는 유튜버에 도전하고 많은 사람의 관심과 사랑을 받았다. 어떤 어르신은 80세 바이올린을 배우고 90세에 개인 공연을 하신 분도 있다. 꿈을 향해 도전해 가는 사람들은 90의 나이도 늦지 않다고 한다. 그들의 도전 정신은 아름답고 많은 사람에게 동기부여가 된다.

나는 처음에 책을 쓸 때 정말 가슴이 설렜다. 나 같은 사람이 작가가 된다는 것이 너무 행복해서 책을 쓰는 내내 나는 이미 멋진 작가가 되었음을 상상했다. 원래 글을 잘 못 썼고 책 읽고 글 쓰는 것과는 거리가 먼 사람이었기 때문에 책을 쓰는 데 두려움을 가졌었다. 어떻게 써낼 것인가? 어떤 주제를 쓸까? 어떻게 분량을 채울까? 여러 가지로 염려하고 고민했다. 시작하지 못하고 두려워서 원고 쓰기를 자꾸 미루다 보니 점점 더 두려워졌다. 나중에 코치님의 도움으로 두려움을 이기는 방법은 행동하는 것밖에 없다는 것을 알게 되었다. 일단 한 줄이라도 쓰기 시작하니 두려움이 사라졌고 한 구절부터 한 단락, 한 꼭지를 채워나갈 수 있었다. 첫 한 꼭지가 어렵지 일단 한번 시도하면 계속 쓰고 싶은 욕구가 일고 결국 행동하는 만큼 결과가 나와서 첫 책《새벽 독서의 힘》을 완성하였다. 처음이 어렵지! 처음을 해내고 나면 두려운 것이 없다. 새로운 문제는 새롭게 시작하면 된다.

내가 좋아하는 것은 나에게 기쁨이 된다. 그러나 핸드폰으로 인터넷 서핑하는 것이나 검색하는 것은 삶에 별로 도움이 되지 않는다. 스마트폰의 편리함은 많은 정보를 얻을 수는 있지만, 정녕 사람들에게 생각하는 기회를 빼앗아 간다. 어떤 것이라도 좋은 면이 있지만, 과도하면 오히려 나쁜 영향을 끼친다. 아이들에게 스마트폰을 처음 사줄 때 배우고 싶은 것을 좀 더 쉽게 배우고 인생을 살아가는 데 많은 도움이 되기를 바라는 점에서 사주었지만, 장시간 과 사용하게 되었다. 아이들이 너무 스마트폰에 빠져서 시간을 낭비하고 나중에 후회할까 봐 걱정한다. 후회는 지나간 시간에 대비해 어떤 결과를 만들지 못할 때 생긴다. 왜냐하면 사람에게는 누구에게나 원하는 것을 이루고자 하는 욕구가 있는데 시간이 지나서 아무것도 이루어 놓은 것이 없을 때 허무하고 좌절하고 포기하게 된다. 그러니 지금 시간을 아끼고 연예인들의 이야기나 어떤 사람들의 입에 오르락내리락하는 일로 시간 낭비하지 말아라. 가슴 뛰는 일을 찾고 그 일에 시간을 아껴서 이 순간이라도 자신을 빛낼 수 있도록 계속 갈고 닦아야 한다.

"자신이 꿈꾸는 방향을 향해 확신에 차서 나아가고, 그렇게 상상한 삶 속에서 살려고 노력하는 사람은 일상적인 시간 속에서 예기치 못한 성공을 마주하게 될 것이다."-소로

핑계는 금물, 성장을 방해한다

직장에서 정신적으로 육체적으로 스트레스를 받고 집에 오면 앉거나 누울 자리부터 찾는다. 설거지를 미루고 집 청소를 미루는 일, '오늘 아니면 내일 하지 '하는 사소한 일들. 미루지 않고 해도 별로 티도 나지 않는 일에 대하여 많은 핑계를 대고 하지 못한 것에 대하여 자기 합리화를 한다. 사람의 목숨이 오갈 때는 설거지 같은 거 미루어도 되지만 그 외에는 미루는 버릇을 고치는 편이 훨씬 삶을 충실하게 살아갈 수 있다는 것을 최근 들어 알게 되었다. 누구나 '그럴 수도 있지' 하는 작은 핑곗거리를 찾는 관습이 점점 커져서 모든 일에서 핑계를 대려는 의도를 나타낸다. 수많은 책에서 작은 일이라고 무시하지 말고 안 될 핑계를 대지 말고 되는 방법만 찾으라고 한다.

위에서 말하다시피 나는 설거지를 미루는 버릇이 있다. 직장에서 퇴근하면 피곤해서 누울 자리부터 찾고 싶다. 종일 일하고 집에 와서 또 일을 시작한다는 자체가 너무 부담스럽다. '항상 나는 설거지쯤은 미루어도 괜찮다.'라는 생각으로 자신을 합리화했다. 그리고 설거지는 자고 나서 아침에 하는 경우가 많다. 설거지를 미루는 것이 아무렇지 않은 것 같아도 돌아보면 나의 삶에 많은 것을 미루게 하였다. 물론 나와의 약속이기에 해도 되고 안 해도 되지만 자꾸 미루면서 일이 산더미같이 쌓여갔다. 나는 작은 일일지라도 더 이상 미루지 않기로 결단했다.

설거지부터 미루지 않기로 한 나는 우선, 66일 동안 실천하기로 하고 매일 힘들고 지루하고 어렵더라도 설거지를 바로바로 했다. 설거지가 밀리지 않으니, 주방이 깨끗해지고 아이들도 내가 없을 때는 직접 부엌에서 뭔가를 만들어 먹기도 했다. 설거지 미루기를 그치니 결국 삶이 한층 더 나아진 것 같았다.

앤드루 우드는 18세에 영국에서 무일푼으로 미국으로 건너와 서른 살에 백만장자가 되었다. 어느 날 그가 샌프란시스코의 바닷가 언덕에서 3명의 인부가 용접하는 광경을 보았다. 그는 용접하는 세 사람에 다가갔다. 그리고 첫 번째 용접공에게 물었다. "지금 무슨 일을 하고 계셔요?" 용접공은 퉁명스럽게 말했다. "보면 모르냐, 먹고 살기 위해 이 짓을 하고 있다." 두 번째 용접공에게 물었다. "지금 무슨 일을 하고 계셔요?" 그도 귀찮은 듯 "쇳조각을 용접하는 중이잖니?"라고 대답했다. 세 번째 용접공에게도 물어봤다. "지금 무슨 일을 하고 계셔요?" 세 번째 용접공은 소년을 보면서 환한 미소로 대답했다. "나는 지금 세상에서 가장 멋진 다리를 만들고 있단다." 이처럼 세 번째 용접공은 자기 일에 자부심을 느끼면서 했다.

우리는 자신이 하는 일이 얼마나 중요한지 모른다. 그저 생계를 위해서, 그저 마지못해서 일하는 마음가짐으로 일할 때 우리는 일의 노예가 되고 자신이 노예가 돼 있는 것에 힘들어한다. 그럴수록 아무리 열심히 일해도 우리는 항상 결핍을 느낀다. 세 번째 용접공처럼 자신의 하는 일에 자부심을 가질 때 아무리 작은 일이라도 놀이로 할 수 있고 일을 즐겁게 할 수 있다. 작은 일에 의미를 가하니 동기부여가 되고 일이 덜 힘들다고 느낀다.

핑계 대는 사람은 성장할 수 없다. 우리가 성장하는 것은 자신과의 약속이다. 자신과의 약속을 이루어 나갈 때 다른 사람과의 약속도 이루어 갈 수 있다. 그런데 핑계를 대기 시작하면 자신을 정당화하고 안전한 곳에 머물도록 하고 있지만 안전한 곳일수록 발전할 수 없다. 나의 정체성을 알기 위하여 노력하고 항상 도전하는 모습을 가져야 한다. 낙심하고 포기하면 그 자리에 멈추고 만다. 더 이상의 성장도 바라지 못한다. 변화는 오로지 핑계 대신에 다시 한번 도전하는 데서 온다. 만일 지금 핑계에 머물러 있다면 스스로 다그쳐야 한다. 더는 핑계하지 말고, 핑곗거리 찾을 대신 변화를 선택해야 한다. 변화를 선택하는 것은 인간의 필수적인 것이다. 고인 물은 썩고 그 안에 생명도 죽어간다. 그러나 흐르는 물은 오히려 생명을 만들어 내고 가는 곳마다 인류에게 유익을 준다.

어느 날 남편이 저녁밥 시간 때에 다른데 들릴 곳이 있어 집에 일찍 못 간다고 전화 왔다. 전화를 받고 아이들 먹고 싶은 것을 중심으로 저녁밥을 준비했다. 다 먹고 치우고 나니 남편이 집에 들어왔다. 한참 있다가 밥 달라고 할 때 나는 귀찮음을 느꼈다. 입에서는 투덜거리기 시작하면서 밥을 준비하자 남편은 밥 먹기를 포기했다. 그리고 나는 그 남은 밥을 도로 냉장고에 넣었다. 이렇게 작은 일에 투덜거리니 남편과의 관계가 모순이 생기기 시작했다. 요즘 읽고 있는 책이 있는데《1%로만 바꿔도 인생이 달라진다》라는 책이다. 이 책을 읽으면서 나는 내가 투덜거리면서 저녁밥 준비하는 게 잘못되었다는 것을 알게 되었다. 솔직히 살림을 잘하지 못하고 살림하는 것이 아주 힘들다. 그래서 늘 살림하는 것에 대해서 변명거리가 많았다. 그런데 이 책이 나를 깨워준다. 변명하지 않도록 나를 더 자극하고 동기부여 해준다. 이 책으로 나는 1%만이라도 성장하기를 바란다.

핑계 대는 사람은 대체로 자기 삶에 대해 책임지려 하지 않는다. 핑계는 절대로 자신이 처한 환경과 문제들에서 해결해 줄 수 없다. 오히려 핑계 대신 문제해결에 집중하는 편이 훨씬 낫다. 핑계는 더 자신을 난처한 환경으로 몰아간다. 성공한 사람들은 어떤 일에 대하여 모르면 모른다고 인정하고 어찌하든 문제 해결책을 찾으려고 한다. 그러나 실패한 사람들은 항상 핑계부터 대면서 자신의 무능함과 부족함을 최대한 합리화하려고 한다. 그랜든 카톤의 《10배의 법칙》을 읽으며 핑계에 관해서 달리 생각해보게 되었다. 모든 것을 자신의 문제로 생각하고 에너지를 문제 해결에 집중하는 편이 성장에 있어서는 필수적이다. '아무것도 할 수 없다.'라고 변명하지 말고 지금 당장 할 수 있는 것부터 하면서 행동을 해나가야 한다. 행동할 때 두려움이 사라지고 변명거리도 살아진다. 오늘이 마지막인 것처럼 생각하면서 '할 수 있다'라는 생각으로 자신을 무장하고 변명에서부터 멀어져야 한다. 우리는 무한한 잠재력이 있다. 무의식의 '할 수 없음'을 깨고 자신의 정체성을 기억하고 '할 수 있다'로 바꿔나갈 때 우리는 더 멋지고 아름다운 삶을 만들어 갈 수 있다.

바꿀 수 있는 건 너 자신뿐이다

우리가 살아가면서 여러 면에서 내 마음에 안 들 때가 있다. 그 사람이 고쳤으면 정말 좋겠다는 생각이 든다. 그러나 그것은 나의 기준일 뿐, 내 기준이 모든 사람의 기준과 같지 않다. 교회 다니면서도 목사님 말씀을 들으면서 '이 설교는 누구에게 적용하는 말씀이구나.'라고 판단했다. 그럴 때 나는 자신이 얼마나 교만한지 새삼 놀란다. 말씀 들으면서 참나를 찾아가면서 나는 깨닫게 되었다. 나는 결코 누구보다 우월하지 않고 모든 사람은 절대 우월하지 않다는 것을. 내가 우월하고 우리 민족이 우월하고 우리나라가 우월하다는 생각은 싸움과 전쟁의 원인이 될 뿐이지, 결코 긍정적인 결과를 만들진 않는다.

제2차 세계대전 때 나치스에 의해 600만 유대인 살해가 어떻게 일어났을까? 유대인은 하나님의 선민이라고 생각하고 우월하다고 생각했다.

우월한 유대인을 시기 질투하고 자기들 게르만인이 유대인보다 더 훌륭하다고 사람들을 선동했고 그에 따라서 자신들이 우월하다는 집단무의식이 생기면서 점점 그 힘이 막강해졌다. 결국 역사적으로 인류에게 씻을 수 없는 큰 죄를 지었다. 내가 우월감을 극복한 사실은 요양원에 다니면서부터 자신의 우월함을 내려놓을 수 있었다. 우리 요양원 어르신들은 대부분, 침대에 누워 있는 와상 환자다. 처음에 건강한 자신이 그들보다 훨씬 우월하다고 생각했었는데 그들이 변비 때문에 고생하시는 모습과 내가 변비 때문에 고생하는 모습이 똑같다는 것을 알게 되었다. 그들은 가만히 누워 계시기에 변비가 당연히 와야 하지만 나는 움직일 수 있으면서 변비가 심하다. 누구나 들어가면 나가는 것이 있고 건강하면 쇠약할 때가 있고 젊을 때가 있으면 노화된 때가 있다. 결국 숨이 붙어 있는 모든 존재는 다 하나님의 귀한 존재이다. 영혼은 다 같이 창조주가 만드셨고 모두가 창조주의 일부분으로서 각자의 삶으로 창조주를 드러내는 것이다.

내가 나의 기준으로 다른 사람을 판단하고 정죄하므로 그 한 사람을 죽이는 것과 같고 하나님이신 예수님도 죄를 범한 사람을 정죄하지 않으셨음을 알게 되었다. 간음하다가 잡혀 온 여인은 그 당시 법으로는 돌에 맞아 죽어야 했다. 제사장을 비롯한 많은 사람이 여자를 돌로 치려고 할 때 예수님께서 '죄 없는 자가 먼저 치라.'고 했다. 그 말씀 후에 아무도 돌로 치지 못하고 다들 집으로 돌아갔다. 예수님과 그 여자만 남았을 때 예수님은 그 여자를 판단하지 않고 용서하시고 다시는 죄를 범하지 말라고 하셨다. 다른 사람은 나의 거울이다. 내가 상대방에게서 볼 수 있는 장단점은 결국 내 안에 그러한 것들이 있으므로 나와 비슷한 성향을 보인 사람의 특성을 볼 수 있다. 그러니 다른 사람의 결점을 본다는 것도 결국 내 안에 그 결점이 있으므로 다른 사람의 그 결점이 보이는 것이다.

나를 바꾸는 것이 다른 사람을 바꾸기보다 훨씬 쉽다. 우리가 이 세상에서 오직 자신을 바꿀 수 있고 자신의 감정과 생각을 스스로 통제할 수 있다. 다른 사람을 내 마음대로 바꿀 수 없다. 그것은 그 사람의 문제다. 내가 바뀌면 주변이 다 바뀐다. 내면으로부터 바라보는 시선이 바뀌기 때문이다. 안 좋게 바라보던 것들을 스스로 생각을 고쳐먹으면 좋은 것들이 눈에 보인다. 똑같은 문제를 어떻게 보느냐가 관건이다. 우리에게는 항상 두 마음, 두 가지 결정이 있다. 그러니 한 방향 한가지 결정만을 바라보지 말고 어떻게 하면 자신과 다른 사람에게 서로 좋을지를 생각해 보고 늘 서로에게 좋은 것을 선택하고 결정해야 한다.

이 세상에서 무엇이 나에게 제일 맞는 것인지 안 맞는 것인지, 무엇이 나를 발전 시키고 무엇이 나를 퇴보시킬지 마음속 깊은 곳에서는 다 알고 있다. 단지 마음 깊은 곳의 소리에 반응하지 못하기 때문에 나도 나를 모르는데 네가 어찌 나를 아느냐는 말이 나온다. 그러나 확실한 것은 각자의 깊은 곳에 있는 위대한 자아는 모든 것을 알고 있다.

예를 들어 기분이 나쁜 어떤 일이 일어났다고 하자. 나는 기분이 나쁘다는 것을 알고 '내 현재 기분이 저조해진다'라고 인식한다. 그러면 그에 대하여 두 가지 선택지가 있다. 한가지는 계속 나쁜 기분에 빠져들어 가고 자기 연민에 빠지면서 나쁜 생각을 하고 점점 더 나쁜 결과를 만들어 낸다. 다른 하나는 기분이 나쁘다는 것을 인식하고 어떻게 하면 기분이 좋아질까? 무얼 먹을까? 무얼 볼까? 무얼 할까? 자신의 기분을 좋게 할 일들을 생각하게 된다면 기분이 좋은 일을 생각하고 좋은 기분을 유지하고자 할 때 나에게는 더 좋은 일들이 일어나기 시작한다. 그러면서 나쁜 기분이 점점 좋아지고 결과도 점점 좋아진다.

인디언의 마음속의 두 마리 늑대 이야기가 있다. 한 늙은 인디언 추장이 자기 손자에게 자기 내면에 일어나고 있는 '큰 싸움'에 관하여 이야기하고 있었다. 이 싸움은 또한 나이 어린 손자의 마음속에서도 일어나고 있다고 했다. "얘야, 우리 모두의 속에서 이 싸움이 일어나고 있단다. 두 늑대 간의 싸움이란다."

"한 마리는 악한 늑대로서 그놈이 가진 것은 화, 질투, 슬픔, 후회, 탐욕, 거만, 자기 동정, 죄의식, 열등감, 거짓, 자만심, 우월감, 그리고 이기심이란다."

"다른 한 마리는 좋은 늑대인데 그가 가진 것들은 기쁨, 평안, 사랑, 소망, 인내심, 평온함, 겸손, 친절, 동정심, 아량, 진실, 그리고 믿음이란다."

손자가 할아버지에게 물었다.

"어떤 늑대가 이기나요?"

"우리가 먹이를 주는 놈이 이기지."

우리는 긍정을 선택할 수도 있고 부정을 선택할 수도 있다. 우리의 선택에 따라 결과도 다를 수 있다. 항상 선택은 자신의 몫이다. 선택에 따라 책임감도 가져야 한다.

나는 다른 사람의 생각을 알 수 없다. 다른 사람은 그 역시 자기 일을 생각하고 선택하고 그에 따르는 결과를 책임져야 한다. 그 사람이 어떤 방법으로 선택하는지는 그 사람의 몫이다. 오직 자기 생각만을 스스로 다스리고 통제할 수 있다. 내 생각을 다스리지 못하고 다른 사람의 생각에 맞춰 살다 보면 자신은 어디에 있는지, 어디로 가는지 무엇을 하는지를 알 수 없다. 점점 자신을 잃어가는지를 모른다. 자신을 잃어버리면 자신을 찾기가 힘들어진다. 잃어버릴 때는 그냥 있으면 잃어버리는 것 같지만 그 잃어버린 자신을 찾으려면 정말 엄청난 노력이 들어가야 깨달을 수 있다.

다른 사람이 잘하는지, 도덕적인지, 아니면 자신의 책임을 다하는지 이러한 것에 신경 쓸 필요 없다. 다른 사람에 신경 쓸 대신 자신이 하고 싶은 것을 찾아 이루어내야 한다. 다른 사람에게 신경 쓰는 시간에도 다른 사람은 자신이 원하는 것을 찾고 생각하고 행동하고 이루어간다. 같이 몇 년의 세월을 흘려보낸 후 자신은 다른 사람이 어떻게 발전하는지 어떻게 변화되는지 신경 쓰다가 결국 마땅한 결과를 이루어내지 못하면 자신만 호구가 되는 것이다. 우리는 모두 타인에게 그렇게 많은 관심이 있지 않다. 각자는 각자의 삶에서 주연이고 다른 주변 사람들은 자기 삶에서는 주연이지만 타인의 삶에서는 모두 조연이 된다.

오로지 자신을 성장시키는 데 초점을 두고 자신의 가진 것을 더욱 확실히 하며 가지고 있는 것으로 자신을 부단히 성장시킬 때 변화될 것이다. 모든 사람에게 시간은 똑같이 주어졌다. 제한된 시간 내에서 다른 사람들보다 더 나은 결과를 이루어내려면 스스로 주어진 시간을 잘 활용하여야 한다. 배우는 시기는 누구보다 더 정열적으로 배우고 자신을 채워나가고 세워나가야 한다. 오로지 하나뿐인 자신을 누구보다 더 사랑하고 아끼는 것만이 자신의 변화를 가져올 수 있다.

힘들고 어려울수록 웃어라

사람은 갓난쟁이 아기 때부터 영아기는 아주 많이 웃고 울면서 자기 의사를 나타낸다. 그러나 점점 커가면서 웃음을 잃는다. 우리 아이들도 아기 때는 늘 웃고 있다가 점점 커가면서 별로 웃지를 않았다. 나는 살면서 너무 힘들 때 아이들이 어릴 때의 모습을 사진으로 보고 기뻐하며 행복해한다. 그러는 동안에 새로운 희망이 다시 솟아나고 힘이 생겨서 다시 일어설 수 있다. 주변의 눈치와 교육으로 우리는 웃음을 자꾸 잃어가고 있다. 쓸데없이 자꾸 웃으면 정신 나간 사람이나 바보 취급을 받는다.

사람들은 만날 때 첫인상이 미소 짓는 사람을 만나기를 바란다. 미소 짓는 사람은 자신감이 아주 높고 자신을 관리할 줄 아는 사람이며 따라서 타인을 존중하고 배려할 줄도 아는 사람이다. 첫 대면에 누구나 미소 짓겠지만 자주 만나다 보면 많은 사람은 얼굴을 찡그리고 자기의 감정을 그대로 드러낸다. 마치 '나는 화났어.'라고 하는 것 같다.

코로나 시대에 많은 변화가 있다. 마스크 착용이 그 기본이다. 많은 사람이 이제는 마스크 착용이 익숙해졌지만, 마스크로 인한 후유증으로 고통받는 사람들도 많이 있다. 나는 마스크 쓰는데 별 탈이 없었다. 오히려 마스크 쓰는 것이 좋았다. 얼굴에 낀 기미를 가릴 수 있기 때문이다. 더 좋은 것은 내가 마스크 속에서 입꼬리를 올리며 수시로 웃는 연습을 할 수 있어서이다. 의도적으로 웃지 않으면 나의 얼굴은 화난 얼굴을 하고 있다. 화난 얼굴을 한 사람을 아무도 좋아하지 않는다.

삶이 공평하지 못하다고 생각할 때 분노가 쌓인다. 화난 얼굴은 삶을 더 악화시키고 계속 악순환이 된다. 얼굴 찡그리며 악순환으로 힘든 삶을 선택할 수도 있고 웃으면서 선순환의 삶을 선택할 수도 있다. 모든 것이 내 선택에 따라 결과가 다르다. 많은 책에서 힘들수록 웃으라는 구절들을 보았다. 웃을 거리가 없는데 어찌 웃을 수 있냐고 할 수 있겠지만 웃을수록 웃을 일이 생긴다는 끌어당김의 법칙이 존재한다.

《성경》에서도 '항상 기뻐하라, 쉬지 말고 기도하라, 범사에 감사하라 이는 하나님이 우리에게 원하는 뜻이니라'(디모데후서 5장17~18절)라고 한다. 하나님은 왜 어려운 상황에서도 기뻐하라고 하는가? 우리가 웃을 때 면역력이 높아지고 대사가 활발해지며 우리는 건강해진다. 웃는 사람은 일어나는 일들에 대하여 긍정적으로 바라보고 결과는 더 좋은 결과를 가져다준다. 드라마를 보면 드라마 속 여주인공은 가난한 집에서도 꿈 만 가지고 웃으며 산다. 그러나 부잣집 공주는 시기와 질투로 얼굴에 웃음기라고는 볼 수가 없다. 웃는다고 해도 가식적인 웃음을 하고 있다. 대조되는 두 인물을 보면서 웃는 여주인공이 더 이쁘고 멋지고 행복하다는 것을 알 수 있다. 그들은 또 공감도 잘하고 사랑스러워 보인다.

우리가 소망을 가지고 살아갈 때 우리는 이미 창조하고 있다. 창조가 시작되면 우주는 모든 방법을 동원하여 그 소망이 이루어지고 현실에 나타나도록 한다. 그때 우리는 소망이 이루어지는 큰 기쁨을 가지게 될 것이고 소망이 이루어지면 한 단계 높은 소망을 가진다. 그러면 또 처음같이 우주는 모든 방법을 동원하여 이루어진다. 그 때문에 우리는 소망이 하나씩 이루어질 때마다 한 단계씩 성장해간다. 작은 소망이 명확하여서 이루어지고 큰 소망이 되어, 또 명확하게 이루어진다.

나는 최근에 또 하나의 소망을 이루었다. 올해 들어서 전자책 한 권을 쓰기로 계획했는데 이미 전자책 한 권을 써냈다. 또 종이책도 한 권을 써내고자 했는데 종이책도 일단 공저부터 쓰고 있다. 역시 소망을 가지고 살아가니 소망이 이루어진다. 이 기쁨을 아이들도 작은 어떤 경험을 이루어내고 성취감을 느낄 때 알 수 있을 것이다. 기쁜 마음으로 살아갈 때 삶에 열정을 느끼고 무엇인가에 다시 도전할 수 있다. 비로소 자신이 살아 있음을 느낄 수 있다.

　며칠 전에 구미에서 하는 김미경 강사의 무료 세미나에 참석했다. 본격적인 세미나 시작 전, 40~50분 정도 오락 시간을 가졌다. 오락하는 MC가 관중들을 웃기고 손뼉 치게 하고 춤까지 추게 하면서 장내 분위기를 한껏 고양시켰다. 많은 사람이 즐겁게 웃으면서 어느덧 강의 시간이 다 되었고 우리는 평소 살면서 그렇게 많이 웃을 때가 없겠지만 그런 모임에서 마음껏 웃을 수 있다. 마음껏 웃고 나서 기분이 최고조로 좋아졌고 마음의 문들이 활짝 열려서 강의 내용을 훨씬 잘 들을 수 있다. 준비된 마음들을 한곳으로 모아 오로지 강의에 마음을 모아 강의 중에 청중의 환호하는 모습은 강사에게도 엄청난 힘을 실어준다. 강연하는 사람이나 청중들 모두 많은 에너지를 채워가므로 이런 무료 세미나는 정말 가치 있는 세미나이다.

　어제는 내가 일하는 요양원에서 요양보호사 선생님 한 분이 자기 손주가 4개월인데 기는 연습을 하면서 울다가 웃다가 하는 모습이 귀여워서 딸이 사진 찍어 보냈다며 요양원 할머니들께 보여 드렸다. 할머니들이 아기가 깔깔대고 웃는 모습을 보시면서 너무나 행복해하시고 마치 자신들의 손주인 양 흐뭇해하셨다. 그렇게 한바탕 웃고 난 어르신들은 조금이라도 더 건강해지셨고 행복하셨을 거라 믿는다.

　아침에 기상 시, 기분 좋게 일어나면 그날 하루가 기분 좋게 이어지고 하는 일도 잘 된다. 그러기에 우리는 기분이 좋아지는 법을 생각하고 늘 기분이 좋은 것을 선택해야 한다. 나뿐만 아니라 주변 사람에게도 좋은 기분을 만들어 줄 수 있어야 한다. 좋은 기분은 전염된다. 나로 인하여 주변 사람들의 하루도 좋아질 수 있다. 그 때문에 모든 일에 노력하는 편이 낫다. 관계를 개선하기 위한 노력, 자신을 더 아름답게 관리하는 능력, 웃는 능력, 말하는 능력, 자신을 점점 더 멋지게 빛이 나게 만들어서 자기 내면의 위대함을 표현하는 삶이 삶의 진정한 의미다. 작은 일을 성취할 때, 원하던 것을 얻을 때, 우리는 한 단계 더 진보하고 진취적으로 나아갈 수 있다. 내가 책 쓰기의 두려움을 극복하고 책을 써냈을 때 그 기쁨은 말로 표현할 수 없었다. 전 세상을 다 얻은 기쁨이었다. 그래서 다시 새로운 꿈을 꿀 수 있고 앞으로 나아간다. 사람들은 어떤 일에 도전할 때 두려움이 늘 동반한다. 그 두려움을 어떻게 할지, 처음에는 많이 고민하고 어떤 이는 그 두려움을 직시하고 두렵지만 시도한다. 시도한 사람들은 왕왕 시도하는 대로 얻는다. 시도하면 어떠한 결과라도 만들어 내지만 두려움이 있다고 시도조차 하지 않고 안전한 곳으로 도망쳐 있다면 두려움 뒤에 있는 기쁨을 느낄 수 없다. 두려움을 이겨내고 얻은 기쁨은 성장을 하도록 한다.

어제 한 영상을 보았다. 몽골초원에서 말 한 마리가 커다란 진흙 웅덩이에 빠졌다. 말 주인은 이미 포기하고 집으로 돌아갔고 말은 스스로 나오기를 포기했다. 그때 지나가던 세 사람이 말을 꺼내 보려고 했었다. 하지만 말이 너무 깊이 빠져서 끌어낼 수가 없었다. 그중 한 사람이 '운에 맡겨야지' 하면서 그들은 돌아가서 한 무리의 말 떼를 데리고 와서 그 한 무리의 말 떼를 그 웅덩이를 중심으로 활기차게 달리기 시작했다. 처음에 포기했던 말이 말 떼들의 활기찬 달음질에 스스로 웅덩이 속에서 몸부림치면서 나오려고 했다. 계속 말 떼를 웅덩이를 중심으로 달리게 하자 말이 몇 번의 시도 끝에 드디어 웅덩이 속에서 스스로 빠져나왔다. 이 짧은 영상을 보는 순간 나는 환희를 느꼈다.

　말도 자기 동료들의 동기부여를 받고 스스로 삶을 포기한 데서부터 스스로 박차고 일어나는 힘을 가지고 있었다는 것을 본 순간 우리는 곤경에 처하면 스스로 견디고 버티고 박차고 일어날 힘을 가지고 있다는 것이 정말 대단했다. 그러니 포기하지 말고 한 번 더 웃어보고 어려움에서 박차고 일어나길 바란다. 어렵고 힘들수록 자신에게 세상을 향하여 웃어주면 우리는 스스로 자신을 얼마든지 세워 갈 수 있다. 속는 셈 치고 자신의 힘든 감정을 속여보자 마치 행복한 사람처럼 웃어보자. 그러면 우리의 힘든 삶도 다 지나가고 진정으로 웃을 때가 올 것이다.

뭘 해도 잘되는 사람이 있다

TV나 영화나 웹툰이나 보면 잘되는 사람은 외모도 이쁘고 세련되었다. 자기관리도 잘하며 머리도 좋고 감정지수도 높고 모든 것이 잘되어 있다. 그들은 타고난 기질에 자신의 노력을 더 하여 정말로 엄친아, 엄친딸이다. 많은 사람들은 완벽한 사람들을 보면 재수 없다고 한다. 뭐 한가지라도 부족해 보여야 하는데 모든 면에서 다 잘 났으니 말이다. 평범한 사람들과 달리 그들에게서 느끼는 기백은 다르다. 그들은 자기관리를 엄격하게 한다. 자신에 대해서 엄하면서 타인에 대해서는 더 수용하는 모습들을 볼 수 있다. 모든 것은 자신을 관리하는 데서부터 시작된다. 자기 생각과 마음과 행동을 통제하고 다스린다.

자기관리를 어떻게 할 것인가? 나는 새벽부터 나의 기분을 좋게 하는 필사 독서를 한다. 이렇게 자신의 새벽 시간을 관리하고 통제하므로 나를 위한 하루로 살아간다. 우리는 '말이 씨가 된다'라는 속담을 알고 있다. 무엇이든지 말하는 대로 이루어진다는 것이다. 하나님도 세상을 창조하실 때 말씀으로 창조했다. 말이 우리의 생각을 나타내고 우리를 행동으로 이끌어 간다. 주변에 보면, 사람은 말 덕분에 잘되는 사람과 잘 안되는 사람으로 나뉜다. 잘되는 사람들은 자기 입 밖으로 나오는 말부터 축복의 말을 한다. 언제나 그렇듯이 그들은 입에 가식 없이 진실한 축복된 말을 함으로써 그들은 우주의 법칙을 이용하여 더 멋진 삶을 창조해 낸다.

나에게는 한동안 회색 인생이 있었다. 나는 항상 부정적인 것을 생각했고 항상 부정적인 말을 달고 살았다. 그렇게 인생을 낭비하면서 폐인의 삶을 살다가 드디어 정신을 차리기 시작했다. 부정적으로 사는 삶에 나는 억울함을 느끼기 시작했다. 풍요를 누리며 이 세상에서 살아가야 할 내가 삶을 저주하면서 저주 속에서 살아갔다는 사실을 알게 되었다. 그래서 당시의 삶을 바꾸기로 했다. 이때까지 살아왔던 삶을 어떻게 바꿀 것인가? 어떻게 하면 내가 원하는 삶을 살아갈 수 있을까? 하루아침에 기존의 생활 습관을 바꿀 수는 없었다. 그때 당시는 참으로 삶을 어떻게 살아가야 할지를 몰랐다. 그때 독서를 하면서 나는 삶을 바꿀 방법을 알게 되었다. 제일 먼저 나의 관점을 바꾸어야 했다. 내가 회색의 눈으로 세상을 바라봤을 때 나의 눈에는 세상의 모든 것이 회색으로 보였다. 아무런 색깔을 볼 수도 느낄 수도 없었다. 그러나 내 마음을 바꾸고 관점을 바꾸어서 보니 세상은 원래 자체의 고유한 많은 아름다운 색깔을 가지고 있었다. 단지 내가 잘못 바라봤을 뿐이다. 해를 등지는 사람은 계속해 등지게 된다. 그저 자기 몸을 햇볕 쪽으로 돌리면 화창한 햇빛을 받을 수 있는데. 그거마저도 할 힘이 없었다. 나는 그때 《자조론》을 읽었다. 자신을 힘든 상황에 빠뜨리고 삶을 포기했었다는 사실을 깨달으면서 자신을 세우기로 했다.

그때부터 시작된 독서는 나를 점점 바꿔가기 시작했다. 나는 독서 덕분에 관점이 바뀌면서 삶을 다시 열정으로 살아갈 수 있다. 어느덧 마흔의 중반에 이르렀다. 내가 30대 후반에 마흔 중후반의 직장 동료들이 부러웠다. 그들의 자녀는 대부분 다 컸고 그들의 삶은 여유가 있어 보였다. 그래서 나도 마흔의 중반에 그런 여유로운 삶이 잘될 거라 믿었다. 그러나 마흔의 중반에 이른 나의 삶은 더 고달팠다. 내가 30대 중반 때 마흔 중후반 언니를 부러워했을 때 그들의 삶은 다른 사람 보기에는 좋아 보였지만 그들도 힘들었을 것이다. 마흔의 사람들은 인생 2막을 준비한다. 나는 지금 나의 인생 2막을 준비한다. 인생 1막이 내가 원하는 삶이 아니었다면 나는 인생 2막을 내가 원하는 삶으로 살아가기를 원한다. 이미 이전의 삶을 내가 잘 못살았음을 알기에 다시는 그전의 삶과 같은 삶을 살지 않기로 했다. 그리고 항상 자신을 어제보다 더 멋진 오늘의 나로 바꿔가기로 결심했다. 매일 안 좋은 작은 습관 한 가지씩 고쳐가면서 자신의 지금과 오늘의 삶을 1%씩 바꾸기로 했다. 나는 시간 관리를 했고 나아가서 꿈과 목표의 관리를 해가면서 나 자신을 바꾸어갔다. 미루던 많은 일도 하나씩 처리해나가기 시작했고 자신과의 약속을 하나씩 이루어갔다. 이렇게 하나씩 이루어가면서 나는 힘들고 지쳐서 그전의 나로 돌아가고 싶은 유혹에 빠질 때도 있었다. 삶을 변화시킨다는 것이 말처럼 그리 쉽지 않았다. 아직 고쳐지지 않은 많은 작은 습관들이 나를 계속 이전의 나로 돌아가도록 유혹하는데 이 유혹을 더 이길만한 힘은 한 번 더 시도하고 한 번 더 용기를 내는 것이다. 작은 일에 이전과 달라진 자신이 거둔 성과를 인정해 주고 나를 사랑하고 존중해 가면서 나는 자신을 칭찬하는 법을 배워가고 있었다. 나를 받아들이고 수용하고 존중하면서 나는 자녀를 수용하고 남편을 수용할 수 있었다. 무엇보다 자신을 정죄하지 않고 비난하지 않기를 하면서 나는 다른 사람의 나와 다른 모습을 인정해 가기 시작했다. 그는 그이지만 그는 하나님의 창조물이다. 나의 기준으로 나의 판단으로 그를 재단하는 것은 오만이란 사실을 알게 되었다. 날마다 책을 읽을수록 자신을 낮춰갈 수 있었고 세상을 향하여 더 마음을 열어갈 수 있었다. 내 앞에는 더 넓은 세상이 열려있었고 삶이 훨씬 다채로워졌다. 회색도 많은 아름다운 색깔로 바뀌어 갔다.

이미 삶을 바꾸기로 한 지가 3년이 되어간다. 삶을 바꾸기 위하여 날마다 노력하면서 자신을 뒤돌아보면서 지금은 자신이 진정으로 원하는 것을 알아가고 이루어가고 있다.

수많은 성공한 사람들은 그들만이 가지고 있는 자신의 모습을 수용하고, 다른 사람의 모습도 인정하는 모습에서 나는 더 그들의 삶을 모방하기로 했다. 그러면서 가슴 뛰는 도전을 해나가면서 자신의 업적을 높이기도 하는 그들을 보면서 나의 가슴 뛰는 일을 찾아가기 시작했다. 나는 책을 보고 원고를 쓸 때 제일 가슴이 뛰는 것을 느낄 수가 있었다. 시간이 없다고 미루는 것이 아니라 일단은 작가로서 원고를 쓰기 시작하면 원고를 쓰는 것에 집중하고 몰입할 수 있었다. 가슴 뛰는 일은 항상 자신이 더 높은 단계를 바라게 하고 하나하나의 꿈을 그리고 목표와 계획을 설정하고 작은 습관을 하나씩 고쳐가면서 자신의 인생을 한 땀 한 땀 수놓아 가고 있었다. 그렇게 자신이 원하는 것이 무엇인지 하나씩 이루어가고 있는 지금이 참으로 멋지고 아름다운 인생임을 깨달아 간다. 처음에 나는 왜 내 인생이 이렇게 안 풀릴까? 나는 왜 원하는 인생을 살 수 없을까? 했던 문제들이 지금은 답을 가져다주기 시작했다. 그때 나는 원하는 인생보다는 원하지 않는 것에 더 많은 시간을 투자했고 집중했다. 상상의 힘을 오용했다. 상상의 힘을 긍정적이고 건설적인 일에 사용하는 대신 자신의 삶을 갉아먹는 부정적인 면에 쏟아부었다. 그러니 원하지 않는 인생이 펼쳐지는 것은 당연한 일이라는 것을 이제라도 알게 됐으니 얼마나 가슴이 흥분되는지 나는 안다.

삶을 바꾸고자 했던 결심들이 나를 점점 더 내가 원하는 삶으로 바꾸어 간다. 결심했고 결단했고 행동했다. 안 하던 행동들을 하기 시작할 때는 참으로 힘들었다. 몸도 마음도. 그러나 지금은 새로운 행동을 하는 것이 더 즐거워질 정도로 많은 변화와 발전을 가져왔다. 그렇게 날마다 새로운 도전을 해가면서 하루하루를 원하는 인생으로 바꾸어간다.

가난한 사람들은 돈이 없어 가난한 것이 아니라 이것저것 변명하면서 현실을 바꾸려고 생각하지만, 아무것도 변화시키려고 행동하지 않는다. 그들은 생각이 가난하기에 더 이상의 발전을 가져올 수 없다. 나는 이 사실을 알게 되어서 작은 일이라도 일단은 하기로 했다. 새벽 기상, 독서, 생각, 집중, 건강관리, 행동. 이렇게 하고자 하는 일을 하나씩 해나갈 때 내가 원하는 삶을 살아갈 수 있다. 결국 인생은 작은 습관 하나를 바꾸면서 내가 원하는 삶을 살아갈 수 있고 진정, 뭘 해도 잘되는 사람이 되어갈 것이다.

오로지 바라는 것에 집중해라

요즘은 인터넷의 발전과 사용과 더불어 우리는 영상으로 수많은 강의를 배우고 있으며 계속 무엇인가를 더 배운다. 종일 시간을 아껴가고 쪼개가면서 수많은 내용을 계속 입력하고 있지만, 우리가 원하는 삶을 살아가는 사람들은 많지 않다. 아직도 수많은 사람이 열심히 살아가지만, 원하는 삶을 살아가지 못하고 오히려 열심히 살수록 더 어려운 삶을 살아가는 사람들도 있다.

5차 산업화로 진입하는 지금, 원활한 초고속인터넷 성능과 더불어 최근에는 수많은 다중 직업 자와 젊은 세대의 부가 상승하고 있다. 젊은 사람들이 성공하는 비결을 공유하므로 수많은 새로운 젊은 부자들이 생겨난다. 자기 계발서의 성공한 사람들의 심리를 배우고 그들처럼 심리를 가지고 습관을 바꾸고 실천을 해나가면서 하나씩 자신이 원하는 삶을 살아가는 멋진 사람들이 많다. 우리가 바라는 대로 원하는 삶을 살아가면 얼마나 좋을까?

삶을 살아가면서 매일 선택해야 하는 상황이 일어난다. 항상 우리 앞에는 두 가지 생각이 있다. 삶이 동전의 양면과 같기에 이거 아니면 저거다. 우리는 하루에도 수만 번 생각에서 선택해야 한다. 눈을 뜨면서부터 오늘은 무엇을 먹을까 입을까부터 시작해서 모든 일을 선택한다. 선택에 따라 우리 삶의 결과는 다르게 나타난다. 우리는 자신이 원하는 삶을 살기 위해서는 자기 자신에게 질문해야 한다. '지금 나는 무엇을 원하는가?' 이 질문에 따라 자신의 감정에 정확하게 반응할 수 있다. 먼 미래에 무엇을 원하는가보다 지금 원하는 것을 파악하고 자신의 원하는 것을 얻기 위해 생각을 집중하고 행동하면서 작은 것부터 원하는 것을 만들어가고 이루어나가는 습관을 해야 한다.

내가 원하는 것은 하루아침에 나타나는 것이 아니다. 작은 습관 하나로부터 시작하여 반복적으로 작은 성취를 이루어가는 사람만이 자신의 원하는 것을 손에 넣을 수 있다. 원하는 것이 없고 그저 현실만 바라보면 삶은 너무나 암울하다. 현실만 바라는 것은 우리의 생각을 현실에 묶어두기 때문에 협소한 관점으로 세상을 바라보게 된다. 그러면 현실은 힘들고 어렵고 두렵고 이런 문제들로 얽혀나간다. 혼란스러운 현실에서는 우리는 정확하게 생각하고 판단할 수 없다. 아무것도 바라지 않으면 아무것도 이루어지는 것이 없다. 그러나 원하는 것이 확실하게 있다는 자체가 이미 목표가 되고 목적이 된다. 그것을 생각하고 소망할 때부터 우리는 이미 그 능력을 갖추고 있다는 것이다.

우리가 욕망하는 것 자체가 이미 그 능력을 갖추고 있다고 한다. 그러기에 우리의 뇌는 욕망할 때부터 그것을 이루기 위해서는 원하는 것들을 이루어 갈 상황을 만들어 낸다. 어떤 누군가를 통하여 어떤 적절한 시간에 생각하지 않은 방법으로 이루어지는 것이다. 원하는 것을 이루어내는 능력이 그 능력이 누구에게나 있다면 그 능력을 사용하는 자는 현명하고 원하는 것을 손에 넣을 수 있지만, 그 능력이 있는 줄도 모르고 그 능력을 활용하지 못하면 당연히 원하는 것을 손에 넣을 수 없다. 여기에서도 선택의 문제가 생긴다. 원하는 것을 이루어 손에 넣는 사람들을 보면서 부러워하지 말고 지금 자신에게 성실하게 대답해 보는 것이다. '나는 과연 그러길 원할까?' '나는 진정 무엇을 원할까?' 항상 이 질문을 생각하고 살아야 하는 이유다.

이 질문을 반복적으로 생각하면서 자신의 원하는 것을 곳곳에 써 붙여 놓고 늘 보고 또 생각해야 한다. 그래야 우리의 무의식에 원하는 것들이 각인되기 때문이다. 시각화 이미지화를 하면 원하는 것을 빨리 얻을 수 있다. 우리의 생각은 현실에 나타난다. 자꾸 반복해서 하는 생각은 더 빨리 나타난다.

책을 읽으면서 내가 원하는 것을 이루어 갈 방법을 배우고 익히고 결국 원하는 것을 손에 넣을 방법을 나의 것으로 만들어 원하는 것을 얻고야 만다. 결국 원하는 것을 이루어내는 사람들의 삶은 점점 더 충만해진다. 그들은 작은 것부터 시작하여 원하는 것을 얻고 더 크고 더 많은 원하는 것을 얻어간다. 원하는 작은 것을 얻는 것이나 원하는 큰 것을 얻는 것은 결국 같은 방법으로 원하는 것을 얻을 수 있다.

더 크게 원하고 더 큰 것을 이루어가면 삶이 더 풍요로울 수 있다. 서울대에 가고자 하면 하버드대에 가려고 목표를 세워야 한다. 그렇게 오로지 하버드대만 목표로 하여 공부하는 방법을 제대로 알고 시간을 투자하고 몰입하면 하버드대도 갈 수 있지만, 최선을 다했어도 하버드대는 못 가더라도 서울대는 갈 수 있다. 큰 목표를 향해 나아가다 보면 7할 정도 이루어도 낮은 목표는 이루어질 수 있는 것이다.

사람들은 식당에 가서 음식을 주문할 때 주문해 놓고 그것이 나오지 않을 거로 생각하지 않는다. 주문했기에 주문한 음식이 나온다. 주문해 놓고 우리 마음이 바뀌어서 다른 것을 주문하면 그것도 요리 시작 전에 다른 것으로 바꿀 수 있지만 이미 요리가 시작된 후에는 다른 것을 주문하려면 두 가지를 다 주문해야 한다. 주문이 이루어진 후에는 바꿀 수가 없다.

왜 사람들이 많은 것을 바라지만 그것들이 다 이루어지지 않는지는 우리의 마음이 자꾸 왔다 갔다 하기 때문이다. 원하는 것을 자꾸 바꾸고 한 가지에만 집중하지 않기 때문에 우리의 에너지는 흩어지고 시간이 지나서 우리는 아무것도 이루지 못했음을 알게 된다. 그러다 다시 또 처음 것을 원하고 쭉 한길로만 가면 되는 데 가다가도 이 길이 아닌가 싶어서 다른 길로 가다가 또 원래의 길이 맞는 것 같아서 다시 원래의 꿈으로 가고 이렇게 둘러 가다 보면 마땅히 결과를 내야 하는 시점에서 아직 한창 둘러 가야 한다. 이것저것 따지지 말고 원하는 것이 있다면 오로지 원하는 것 한 가지부터 이루어 놓고 다른 한 가지를 이루어야 한다. 그래야 중요하지 않은 것도 따라오게 된다.

멀티플래너가 유행이고 대세지만 결과를 이루는 데는 한 가지에 집중하는 것이 빠르다. 책을 읽을 때도 마찬가지다 한 권의 책을 집중해서 한 권만 읽을 때는 빠르지만 이곳, 저곳에 여러 가지 책을 놓아두면 이곳저곳에 놓아둔 책을 다 읽을 때까지는 시간이 오래 걸린다. 오히려 한 권의 책을 빨리 다 읽고 나면 다른 한 권의 책을 읽는 것이 훨씬 나을 수도 있다.

책을 쓸 때도 마찬가지다. 제목과 주제에 맞춰서 책을 쓰다가 다른 주제가 괜찮은 것 같아서 다른 주제를 또 쓰면 책 쓰기 진도가 나가지 않는다. 먼저 모든 시간과 에너지를 들여서 내가 우선이라고 생각하는 주제를 먼저 쓰고 마무리 짓고 다른 주제에 관한 책을 쓰는 편이 났다. 이런 주제도 쓰고 싶고 저런 주제도 쓰고 싶으면 결국 둘 다 쓸 수가 없다. 한 주제를 선택하는 순간 다른 한 주제는 일단은 내려놓아야 한다. 사람은 동시에 두 가지 생각을 할 수 없다. 좋은 것과 나쁜 것, 긍정적인 것과 부정적인 것, 부정을 생각하는 순간 긍정적인 것을 생각할 수 없고 우리는 생각의 방향을 바꿀 때 부정적인 생각에서 긍정적인 생각으로 바꾸면 그때는 긍정적인 생각만 할 수 있고 부정적인 생각은 할 수 없다.

　무엇을 원하는지 꼭 그것만 바라보고 그것에만 시간과 에너지를 모으고 오로지 그것에만 주의를 추가하고 그것에만 집중해야 한다. 그래야 원하는 시간을 단축할 수 있다. 아픈 사람이 건강해지고 싶다면 이전에 건강했던 모습과 앞으로 건강해져서 삶을 새롭게 사는 모습만 상상하고 생각해야 한다. 건강하고 싶은 사람이 아픔에서 벗어나려고 애쓰면 애쓸수록 건강은 더 악화한다. 그저 건강한 것을 챙겨 먹고 건강한 모습을 생각하면서 마음에서 건강함을 감사할 때 더 건강해진다. 우리는 원하는 것에만 집중하면 된다. 그러면 원하지 않는 것을 생각조차 할 수 없고 결국 원하는 것을 이루어낸다.

원하는 것이 생겼다면 꿈부터 명확히 가져라

아기로 태어날 때부터 우리는 자신이 원하는 것을 한다. 젖을 빨고 싶어 하고 울음으로 자신의 욕구를 표현하고 엄마 아빠가 자기를 보고 웃어주기를 바라고 또 성장하는 데 있어서 필요한 것을 얻기 위해 한가지씩 원하는 것을 이루어 갈 때 성장해간다. 가만히 있던 아기는 커가면서 팔다리도 휘두르고 또 기고 앉고 걷고 모든 것은 자신이 성장하는 단계에서 한 단계 더 성장하고 싶은 욕구에 충성하는 것이다. 걸음마도 오로지 걷기만을 원하기에 아기들은 덜어내고 나중에는 뛰어다닌다. 아이들이 점점 커가면서 부모의 눈치를 살피기 시작한다. 밤에 잠자야 하는 시간에 울었을 때 부모는 귀찮아하고 또 점점 원하는 것을 부모가 바로 해주지 못할 때도, 부모 눈치로부터 조부모 눈치까지 살피면서 커가야 한다. 이렇게 우리는 주도적인 입장에서부터 점점 타인의 눈치를 살피는 단계까지 간다. 이런 세월을 몇십 년 살다 보면 자신은 온데간데없고 점점 자신이 아닌 다른 사람이 바라는 사람으로 변해간다.

언제부터인가 '나는 누구냐?', '나는 왜 살아가느냐?' 하는 문제를 만날 때가 온다. 그때부터는 자신을 찾아가려고 애를 쓴다. 이럴 때 자신이 누구인지 모르고 방황하다가 길을 잃고 세월을 낭비할 수도 있다. 어떤 사람은 죽을 때까지도 자신의 정체성을 찾아내지 못한다. 그러면서 죽음의 순간에 세월이 허무하고 아무것도 이루어내지 못한 것 같아서 후회한다. 이런 후회를 하지 않기 위해서는 우리는 반드시 지금부터 자신이 원하는 것이 무엇인지 알아가야 한다. 처음에 작은 것부터 꿈을 꾸어야 한다. 어렸을 적에는 나는 무엇이 되고 싶다고 여러 가지를 곧잘 얘기한다. 그런데 점점 가면서 딱히 무엇이 되겠다고 얘기를 하지 못하는 자녀들을 보면서 마음이 아프다. 나도 그랬듯이 모두 주변 사람들의 영향을 받아서 점점 잘못된 관점을 가지고 세상을 편견적으로 바라본다. 특히 가난으로 인하여 자신이 원하는 것을 포기하는 때도 많다. 원해도 어차피 부모님들은 사주지 않거나 다른 것으로 대체해 주면서부터다.

원하는 꿈이 있으면 꿈을 명확히 하여야 한다. 오랫동안 꿈에서 시선을 돌리지 않고 계속 생각하다 보면 꿈을 향해 달려 나갈 행동을 할 수 있고 그 꿈을 이루기 위해 계획과 시간을 설정할 수 있다. 꿈을 가지는 순간부터는 모든 우주는 그것을 이루기 위해 움직여준다. 그러나 우리가 꿈을 중간에 포기하는 순간부터 새로운 것에 대해 생각하면 그때부터 다시 주문이 이루어져 다시 새로운 방향으로 꿈을 이루기 위해 시작된다. 원하는 것이 확실하지 않고 이것저것 원하다 보면 결국은 시간은 지나가고 이루어진 것은 하나도 없다.

어제 아침 일하다 잠깐 쉬는 시간에 한 TV 프로그램을 보게 되었는데 임원철 씨라고 70세 할아버지 사연이 방송됐다. 옷을 평범한 사람들과 다르게 입고 나오셔서 힙합 하시나 래퍼이신가 했는데 래퍼였다. 어떻게 그 나이에 래퍼를 할 수 있느냐는 물음에 그는 6.25 전쟁으로부터 IMF 어려운 시기를 견디면서 가장으로 출근하는 것이 몸이 너무 피곤해서 늘 졸음을 쫓을 수가 없었다고 했다. 그러다 졸음을 쫓기 위해 노래를 불렀지만, 몸을 흔들지 않고서는 졸음을 쫓을 수가 없어서 빠르게 부르면서 몸을 움직여 가면서 노래를 부르기 시작했다고 하셨다. 졸음을 쫓기 위해 시작된 래퍼의 삶을 꿈을 꾸면서 지금 70의 나이에도 길거리에서 랩을 하여 사람들의 마음에 감동을 주신다. 이분뿐만 아니라 출연한 많은 사람이 다른 사람들이 늦다고 하는 70, 80, 90의 나이에도 꿈을 가지고 도전하는 모습을 보면서 나이 들어도 꿈을 가지고 도전하는 그들이 빛을 내고 있다고 느껴졌다.

어르신들도 이렇게 꿈을 가지고 도전하고 자신이 원하는 노후를 살아가는데 한참 젊은 자녀들도, 우리도 마땅히 원하는 것을 이루어가는 삶을 살아가야 한다. 아무것도 원하지 않으면 아무것도 이루어지지 않는다.

　요즘은 50, 60대는 100세 인생을 살지만, 그보다 젊은 사람들은 120세 이상을 살 수 있다고 한다. 이렇게 오랜 세월을 사는 동안 꿈을 꾸고 원하는 것을 하나씩 이루어내야 한다. 하나의 꿈을 꾸고 그것에 집중하고 원하는 것을 이루어 내다보면 120세 인생도 즐겁고 나중에 참 잘 살았다고 스스로 만족할 수 있다.

　꿈이 무엇이든 간에 항상 꿈에서 시선을 돌리지 말아야 한다. 확고한 꿈은 우리에게 반드시 실현해야 하는 강력한 동기부여로 삶을 에너지 충만하게 이끌어간다. 포기하지 않는 강한 힘으로 그들의 인생에 시련을 이겨나간다. 꿈이 확실하게 이루어진다는 확신을 하고 계속 열정을 낼 수 있다. 꿈과 목표설정, 계획, 행동으로 자신의 꿈을 이루어나가면 우리는 감히 더 큰 꿈을 꿀 수 있다. 성공하는 사람들은 작은 꿈부터 꾸었으며, 최종적으로 이루어갔으며 점점 더 큰 꿈을 꾸고 자신도 점점 더 성장시켜 간다.

　자신이 좋아하는 일에 시간과 에너지를 쏟아붓고 3~5년, 혹은 10년이면 우리는 그 분야에서 최고로 되어간다. 자신이 좋아하는 것을 하고 그 분야에 최고로 되어가면 사람들이 찾아오게 마련이다.

　지금은 수많은 사람의 성공담을 수시로 듣고 볼 수 있는 좋은 시스템이 있다. 그들을 보고 참 대단하다는 것에서 나아가 그들을 모방하고 배우고 자신에 맞게 적용하여 자신의 꿈을 이루어나가고 더 멋진 사람이 되어서 다른 사람에게 동기를 유발할 수 있어야 한다. 초보가 왕초보를 가르치는 시대이고 누구나 가르칠 수 있다는 것을 기억할 수 있다.

허OO는 몸무게가 150킬로 넘는 여자다. 그는 스스로 몇 번이나 군살을 빼고자 했지만 실패했다. 다이어트에 실패하자 그는 다이어트를 포기했고 삶은 점점 망가져 갔다. 망가져 가는 자신을 보면서 가슴에는 자기 현재의 삶을 바꾸고자 하는 욕망의 불씨가 있었다. 거닐기 힘든 몸을 이끌면서 마지막으로 그는 단체 훈련소를 찾았고 트레이너들과 즐겁게 단체 생활을 하면서 기초적인 운동부터 시작하여 정말 죽을 만큼의 노력을 하면서 트레이너들의 지시에 따라 하루하루의 일과를 소화하기로 했다. 결국 몇 개월 뒤 50킬로를 빼게 되면서 그의 다이어트가 꿈은 점점 더 현실로 되어갔고 체력도 많이 회복되고 예뻐졌다. 그처럼 뚱뚱한 사람이 다이어트를 결심하고 끝까지 성공하는 데는 죽을 만큼 힘이 드는 것이다. 더 많은 땀을 흘리고 절망의 끝자락에 몇 번이나 있었지만 이겨내고 버텨내고 결국 다이어트에 성공한 것이다.

우리의 꿈은 세운 그 날부터 우리가 꿈에서 시선을 떼지 말아야 하고 그 꿈을 이루기 위하여 계획을 세워야 하며 또 시간을 투자하고 모든 마음을 쏟아부어야 한다. 절망을 이겨내고 힘듦을 견뎌내고 어려운 시기를 버텨내고 이런 어려운 과정을 거쳐 꿈은 이루어진다.

그러니 지금 늦었다고 아무것도 하지 않는 것은 삶을 좀먹는 것이다.

무엇이든지 원하고 바라고 바라는 것을 응답받는 것은 이 세상에서 원하는 것을 이루어가는 공식이다. 《성경》에서도 이런 말이 있다.

"내가 또 너희에게 이르노니 구하라. 그러면 너희에게 주실 것이요 찾으라 그러면 찾을 것이요 문을 두드리면 너희에게 열릴 것이니 구하는 이마다 받을 것이요 찾는 이가 찾을 것이요 두드리는 이에게 열릴 것이니라 너희 중에 아비 된 자 누가 아들이 생선을 달라고 하면 생선 대신에 뱀을 주며 알을 달라고 하면 전갈을 주겠느냐? 너희가 악할지라도 좋은 것을 자식에게 줄줄 알거든 하물며 너희 천부에서 구하는 자에게 성령을 주시지 않겠느냐? 하시니라." (누가복음 11장 9절~13절)

어떻게 인생을 살아야 할지를 생각해보고 한 번뿐인 인생을 정말 나 자신을 위해서 멋지게 후회 없이 살았으면 하는 것이 나의 바람이다. 더는 과거에 머물고 할 수 없다는 한계에 스스로 가둬두지 말고 자신을 해방해서 지금을 후회 없이 살아가는 멋진 인생을 살기를 원하고 바란다. 죽을 때까지 작은 꿈 하나 더 가지고 명확하게 해서 이루어내고 성취감으로 만족스러운 삶을 산다면 정말 멋진 삶이 될 것이다.

삶에 상상의 힘을 활용하라

가정 형편이 어렵다는 것을 안 나는 어릴 때 가끔 복권에 당첨되는 생
각을 했었다. 그때는 마치 내가 복권에 당첨된 것처럼 가슴이 설레고 그
돈으로 무엇을 갖고 싶고 어떻게 살 것인가를 상상해봤다. 그러면서 얼
굴에는 나도 모르게 웃음꽃이 피었다. 마음이 힘들 때는 늘 이런 상상을
하면서 마음의 힘듦을 달랬다. 그러면서 점점 커가면서 아예 상상하지
않게 되었다. 어디서부터 언제부터 상상하지 않았는지는 알 수 없지만,
그 후로부터는 상상하지 않았다고 생각된다. 그러나 전혀 상상하지 않
은 것이 아니라 기분 좋은 상상을 하지 않은 것이었다. 결혼하고 아이들
을 키우면서 더욱 좋은 상상을 할 수 없었다. 눈앞에 현실만 보면서 삶에
쪼들리면서 살아가느라고 이상적인 삶을 상상할 수조차 없다. 그저 사는
대로 살면서 현실로 인한 부정적인 상상을 하게 되었다.

책을 쓰기 시작하면서 나는 상상의 힘을 잘못 사용해 왔음을 깨달았다. 수많은 성공한 사람들은 상상의 힘을 잘 발휘하여 원하는 것을 쉽게 이루고 멋진 삶을 계속해 나간다. 나는 네빌 고다드의 《상상의 힘》을 읽으면서 상상의 힘을 잘 사용하여 원하는 것을 쉽게 얻을 수 있다는 법칙을 알게 되었다. 아무리 원하는 것을 얻으려고 해도 그 방법이 틀리면 원하는 것과는 점점 더 거리가 멀어질 수밖에 없다는 것을 알게 되었다. 어릴 때는 늘 즐겁고 행복한 날을 상상하였다. 언제부터인가 상상하는 힘을 잃어갔다. 좋은 상상을 하지 않으니 부정적인 상상을 하기 시작했다. 우리가 삶을 살아가면서 어차피 두 가지 선택 중에서 한 가지를 선택해야 한다면 우리는 좋은 방면을 선택하는 것이 삶을 살아가는 데 훨씬 유리하다.

올림픽 선수들도 먼저 뇌 속에 상상으로 모든 것을 구체화하고 나중에 실전에서 상상했던 일들을 만들어 낸다. 그들은 상상을 통해서 같은 시간에 더 효율적인 결과를 가져온다. 우리가 상상하든 하지 않든 시간은 지나간다. 똑같이 결과를 맞이할 때 상상하고 생각하고 방법을 찾기 위해 노력하고 행동하다 보면 결과가 상상했던 결과들이 이루어진다. 아무것도 상상하지 않고 아무것도 생각하지 않으면 시간은 그냥 흘러가 버리고 우리는 결과의 자리에서 아무것도 하지 않았기에 아무것도 거둘 수 없다. 남편과 나는 결혼해서 농사를 15년 동안 지었다. 씨를 뿌릴 때는 씨를 뿌리고 모를 심을 때는 모를 심었다. 그리고 비료나 약을 쳐가면서 수

확의 때를 기다리고 관리하고 인내했다. 수확의 계절이 되어서 우리는 우리가 심은 만큼, 우리가 정성 들여 관리한 만큼의 수확을 얻었다. 우리가 아무런 노력도 하지 않고 어찌 풍성한 수확을 바랄 수 있을까? 그처럼 노력하고 애써도 원하는 결과에 이르지 못하는 데 아무 노력도 행동도 하지 않는 데서 무슨 결과를 바랄 수 있을까? 사람들은 심지 않은 데서 거두려고 하는 것을 도둑놈 심보라고 한다.

우리가 식당에 가서도 마찬가지다. 먼저 식당에 가자고 식구끼리 이야기를 한다. 외식하기로 했다면 식당에 가서 우리가 원하는 요리를 주문한다. 그리고 우리는 기다린다. 주문받고 요리가 되는 데는 시간이 필요한 것이다. 시간이 되면 우리는 그 원하던 요리를 받고 즐겁게 먹기 시작하는 것이다.

우리가 "순간마다 지금 하고 싶은 것이 무엇인가?"를 생각해야 한다. 우리가 지금 아무것도 하지 않으면 다음 날에도 아무것도 하지 않게 된다. 자꾸 뒤로 미루다 보면 내일은 또 내일 해야 할 일들이 있다. 일이 자꾸 쌓여가면 아예 포기하게 된다. 하루에 조금의 성장이라도 이루어내고 변화를 일으켜야 우리 자신이 살아 있음을 느끼고 조금씩 성장한다. 아무것도 하지 않고 지금을 귀찮게 생각하고 '지금 못하면 내일 하지.' 이렇게 미룬다면, 우리 인생은 미루다 볼일 다 보고 끝나간다. 결국 우리는 죽음을 맞이할 때 아무것도 이루어 놓은 것이 없다고 후회한다. 많은 사람이 죽기 전에 후회하는 것은 자신이 정말 하고 싶은 것을 하지 못한 것이다. 그래서 그들은 돌아가는 순간에도 후회하면서 살아 있는 사람들에게 자신이 하고 싶은 것을 하라고 조언한다. 우리는 자신이 하고 싶은 것을 먼저 생각하고 생각의 발전에 따라 완벽한 결과까지 생각하고 상상할 때가 있다. 상상할수록 점점 더 생각하는 능력이 강해지고 현실은 생각으로 이루어진다. 얼마나 반복적인 생각을 하고 상상을 하는지에 상관된다. 생각하는 모든 것은 어떤 일을 소망하고 창조하도록 만든다.

옛날부터 사람들은 늘 상상했기에 지금의 인터넷 세상까지 발전해 왔다. 전기는 원래 있었으나 전기가 발견되지 못하고 그 전기를 이용할 줄 모르는 상황에서 누군가는 전기를 발견하여 불을 켜는 상상을 해왔고 그것을 이어 전기가 불을 밝히고 기타 산업 발전하게 했다. 라이트 형제가 하늘을 날고 싶은 생각을 하면서 그들은 비행기를 만들고 하늘을 날게 되었다. 우리가 흘려보내는 시간에 그 누군가는 멋진 세계를 상상하고 있고 그 멋진 상상으로 미래의 멋진 결과물이 나오면서 세상을 변화시킨다. 보이지 않는 상상으로 우리는 보이는 모든 것을 만들어 낸다. 그러니 상상이 먼저고 그 후에 상상한 것을 현실로 불러내는 것이 우리가 발전하는 원리이다.

《상상의 힘》에 관한 독서 모임을 하면서 지인이 이렇게 얘기해준 적이 있다. 그 지인에게는 3명의 자녀가 있는데 큰아이와 막내는 별로 상상을 잘 하지 않아서 무얼 해도 어렵게 원하는 것을 얻는데 둘째는 원래부터 상상을 잘하기에 그 아이는 자신이 원하는 것을 좀 더 쉽게 얻더라는 것이다. 그분과 함께 상상의 능력을 공유했던 기억이 난다. 전에 자전거를 타고 가다가 사고를 당한 적이 있다. 정신 차리고 보니 도랑에 넘어져 있었다. 그때 팔과 손목에 잔뼈가 다 부러져서 수술 후 깁스하고 병원에 입원해 있는 동안 팔이 너무 많이 아팠다. 마침 TV를 보면서 유명한 목사님 설교를 듣다가 마지막에 목사님께서 "지금 어느 곳에서 TV 설교를 보던지 아픈 사람은 그 아픈 부위에 손을 대고 같이 기도 합시다." 그리고 목사님이 기도하시자 '아멘'으로 답을 했는데 정말 조금 전까지 아파서 못 견디겠다던 팔이 아프지 않았다. 물론 그 목사님은 치유의 은사를 받았다. 당시는 TV 화면을 보면서 못 견디게 아팠던 팔을 붙잡고 목사님 말씀을 듣고 건강한 팔을 상상했다. 그러니 아멘 하는 순간과 같이 아프던 팔이 아프지 않게 되었다는 경험도 있다.

상상은 돈도 들이지 않고 오직 내 머릿속에서 일어나는 일이다. 어떠한 상황에서도 누구라도 나의 상상을 뺏어갈 수는 없다. 《죽음의 포로수용소》의 빅토르 프랑클도 나치 강제 수용소에서 수많은 유대인이 죽어 나갈 때 그는 오로지 상상하고 희망의 끈을 놓지 않고 끝까지 고난을 이겨 냈다고 한다. 어떤 책에서도 그런 내용을 봤다. 한 부인이 남편과 자주 싸웠다. 그리고 남편은 점점 집에 들어오는 횟수가 적어졌고 들어와도 늦게 들어와서 일찍 집을 나갔다. 어느 날 남편이 집에 들어오지 않자, 부인은 부정한 생각을 하기 시작했다. 근심과 걱정으로 시작된 부정적인 생각으로 부인은 남편이 밖에서 죽었다는 정도까지 상상하였다. 그러다 얼마 안 지나서 전화벨이 울렸는데 경찰서라고 한다. ○○ 부인이 맞느냐고 한 남자가 죽어 있는데 신분 확인해야 한다고. 그 부인은 자신이 상상한 그대로 남편이 죽어 있는 모습을 확인하게 되었다.

우리는 상상을 부정적으로 끌고 갈 수도 있고 긍정적으로 끌고 갈 수도 있다. 긍정적으로 끌고 가면 좋은 결과가 나올 것이고 부정적으로 끌고 가면 우리는 엄청난 파괴를 당하게 된다. 가만히 있는 동안에 우리 뇌는 수만 가지를 생각한다. 부정한 상상의 깊은 곳에 빠져서 자기연민의 삶을 살면서 불행하게 살아갈지, 아니면 건설적인 상상에 빠져서 원하는 것을 이루어가며 행복한 삶을 살아갈지 항상 자신에게 달려 있다. 항상 있는 상상의 힘을 잘 활용하여 이왕이면 서로에게 좋은 방면으로 멋진 상상을 하여 우리의 삶을 더 빛나게 할 수 있도록 긍정적인 상상을 해야 한다. 상상할수록 신념은 강해진다.

"나는~이다."가 제일 강한 상상력이다. 내가 나를 정의하지 않으면 남이 나를 정의한다. 그러기에 "나는 ~이다"는 내가 나를 정의하고 내가 주체가 되어가는 것이다. 삶은 정의하는 대로 살게 되고 그것은 이루어진다. 우리는 누구나 상상의 힘을 선물로 받았다. 성공한 사람들은 이 힘을 제대로 활용하는 사람들이다. 이 위대한 힘을 잠재우지 말고 깨어나게 해야 한다. 지금부터라도 좋은 방면으로 원하는 것과 얻고 싶은 것, 가고 싶은 곳을 마음껏 상상하고 머릿속, 가슴속에 각인시키며 다른 누구보다 쉽게 이루어내기를 바란다. 잠자는 상상력을 깨워서 삶을 더 풍요롭게 행복하게 살아가면서 삶을 즐겁게 살아가야 한다. "나는 ~ 이다"하고 생각한 그대로 나는 되는 것이다.

　"상상력은 승리자가 되는 최초의 가장 중요한 단계다."라고 말한 디오 문 루빈의 말을 한 번 더 가슴에 새겨보길 바란다.

제4장
어떤 직업을 가지든 책은 쓰길 바란다

나애정

내가 만나는 사람이 내 미래이다

'오늘 아침에는 가족들에게 무엇을 먹일까?' 생각하다가 김치찌개를 끓였다. 냉장고 안에서 이틀 전에 사둔 돼지고기 목살과 미리 깨끗이 정리해 둔 파를 꺼냈다. 김치도 없어서는 안 되는 것. 김치통에서 꺼낸 김치도 조리대 위에 올렸다. 우선, 가스레인지를 켜고 바닥이 두꺼운 냄비를 올려 기름을 두르고 파를 넣어 볶았다. 파에 물기가 있었던지 "따닥"거린다. 조금 지나니, 맛있는 파의 향이 퍼진다. 기름과 파의 조합은 환상적인 냄새를 만들어 낸다. 파기름을 내고 요리를 하면 냄새가 좋은 만큼 맛도 좋다. 그리고 중요한 것 하나, 고춧가루를 넣어 콩기름과 함께 볶았다. 이것은 나중에 얼큰한 육개장 국물과 비슷한 맛과 비주얼을 만든다. 어느 정도 볶다가 돼지고기를 썰어 넣고 조금 더 볶았다. 그리고 밥할 때, 따로 챙겨 둔 쌀뜨물을 부었다. 이제 냄비 안은 평안을 찾은 듯 조용하다.

기름과 재료들이 전쟁을 치르듯 볶였는데, 물을 부음과 동시에 고요해졌다. 여기에 김치를 쓸어 넣었다. 파도 조금 더 넣고, 집 간장으로 간을 맞추었다. 뚜껑을 닫고 나는 이제 책상에 앉았다. 책상에 앉으니, 필리핀 세부에서 김치찌개를 끓였던 기억이 되살아났다. 나는 4년 전, 아이들 둘을 데리고 필리핀 세부에서 1년 반 생활한 적이 있었다. 세부의 한국마트에서는 한국 김치와 똑같은 김치를 구매할 수 있다. 가격이 좀 있어서 조금씩 구매해서 먹었다. 김치가 소중했다. 그냥도 먹지만 찌개가 먹고 싶을 때는 김치찌개 맛이 날 정도로만 김치를 소량 넣고 다른 채소와 함께 끓여서 아이들에게 주었다. 그 당시, 아이들은 김치찌개를 가장 좋아하는 음식이라며 맛나게 잘 먹었다. 한국에서는 그렇게 좋아하지 않던 김치가 필리핀 세부에서는 가장 맛있는 음식이 되었다. 필리핀 세부에 대한 기억, 김치찌개만큼이나 특별한 추억들을 안겨 주었다. 우연히 알게 된 지인을 통해서 필리핀 세부살이를 하게 되었는데, 덕분에 나는 아이들과 평생 잊지 못할 소중한 시간을 보냈다. 지금도 그 사람을 만난 것이 행운이었다고 생각한다.

〈책성원〉 온라인 커뮤니티를 나는 운영한다. 책 쓰기에 관한 나의 경험과 노하우를 나누고자 오픈 채팅방을 개설했다. 세상은 변화되었다. 사람들은 자신의 삶을 책으로 쓰길 원한다. 과거, 성공한 사람만이 쓴다고 생각했던 그 책을 이제는 평범한 사람들도 배우고 익혀 써내는 세상이 되었다. 저마다 책 출간에 대한 포부를 가지고 살아간다. "언젠가는 나도 책 1권 꼭 쓸 거야."라는 사람들이 내 주변에도 많다. 하지만, 실행으로 옮기지 못하는 것이 대부분이라 안타깝다. 마음만 있을 뿐, 무엇을 어떻게 해야 할지 잘 모른다. 나도 처음 책을 쓸 때 그랬기에 그 마음을 잘 알고 있다. 그래서, 나는 온라인이지만 책을 쓰고 싶은 사람을 위해 책 쓰기에 대해 솔직하게 소통하고 정보와 비법들을 공유한다는 취지로 〈책성원〉 온라인 커뮤니티를 개설하게 되었다.

〈책성원〉 예비작가들은 소규모이다. 대략 20명 내외이다. 〈책성원〉모임을 통해서 예비작가들은 이미 세상에 책을 냈거나 내는 중이다. 책을 쓰기 위해 노력 중인 작가들이 대부분이다. 〈책성원〉에서는 머리로 책을 쓰는 것이 아니라, 몸으로 쓴다. 몸으로 직접 책을 써나가는 것을 익힌다. 책 쓰기에 대한 이론은 이미 시중에 많이 출판되어 있다. 책은 어떻게 쓸 수가 있는지 그 방법을 이미 사람들은 알고 있다. 그런데도 책을 쓰지 못하는 이유는 실천이 잘 안 되기 때문이다. 보통, 머리로만 알면 다 알고 있는 것처럼 느끼는데, 그것이 문제다. 머리로만 알고 있는 것은 반쪽만 알고 있는 것이다. 행동으로 실천할 수 있어야 100% 다 안다고 말할 수 있다. 어떤 기능이라도 마찬가지일 것이다. 머리에서 손으로 팔로 발로 내려오는데 이론 배울 때의 배 이상의 노력과 에너지, 시간이 필요하다. 그래서 〈책성원〉에서는 이론과 실습을 함께 한다. 머리로 아는 것은 기본이고 몸으로 직접 써나가는 것을 더 중요하다고 강조한다. 몸으로 글을 직접 쓰기 때문에 책 쓰기도 수월하다. 긴 글쓰기 필사를 통해서 매일 연습하니, 내 글도 쓰고 싶어 한다. 운전을 배울 때, 학원 선생님의 코치를 받으면서 브레이크, 엑셀런트, 기아를 작동하다가 감을 잡으면 옆의 사람 도움 없이 혼자 해보고 싶어진다. 이런 심리가 책 쓰기 과정 중에도 일어난다. 필사만 하다가 이제, '나도 내 글을 써볼 거야.' 하는 단계가 찾아오는 것이다. 그런 과정에서 맛보는 실패감과 좌절감은 책 쓰는 삶의 동력이 된다. 힘든 과정 중에도 끝까지 포기하지 않고 결국 출간하는 사람은 〈책성원〉 예비작가들과 잘 어울리는 사람들이었다는 사실을 발견했다.

〈책성원〉 온라인 모임에 빠짐없이 참석하는 사람은 결국 자신의 책을 출간해 냈다. '출간과 온라인 모임과는 무슨 관련이 있을까?' 나도 처음에는 모임에 기대를 크게 하지 않았지만, 아니었다. 비대면 만남이어도 대면 만남처럼 감정적 교류뿐 아니라 다양한 정보교환과 동기부여가 충분하게 가능했다. 코로나19의 영향으로 만남의 방식이 더욱 다양해졌다고 본다. 오히려 비대면 만남이 많아졌고, 대면 만남보다 여러 가지 장점이 많다. 비대면 만남은 만나기 전까지 소모되는 에너지를 줄일 수 있다. 〈책성원〉에서의 책 쓰기, 공저 쓰기에 대한 소통은 중요하다. 한 사람, 한 사람이 1권의 책과 같은 경험과 정보, 깨달음을 준다. 책 쓰기에 대한 열정 또한 장착하고 유지할 수 있다. 전업 작가도 아닌데, 책을 쓴다는 것은 한편으로 쉬운 일이 아닐 수 있다. 하지만 책을 써내는 것은 옆에서 함께 에너지를 충전하는 모임이 있기에 가능하다고 말할 수 있다. 다른 사람들로부터 에너지를 수혈받는 모임 활동이 인생 첫 책을 쓰는 과정에서는 엄청난 힘을 발휘한다. 〈책성원〉에서는 본인의 선택으로 2주에 1회씩 모임에 참석할 수 있다. 바쁜 사람이라면 모임 참석하는 시간이 아깝다는 생각을 할 수도 있겠지만, 모임이 끝나고 나면 많은 에너지를 얻게 되어 포기하려는 마음을 접고 꾸준히 책을 써내게 된다고 한다. 이 사실을 깨달은 사람들은 온라인 모임을 가장 중요한 우선순위에 넣는다. 먼저 책 쓴 작가나 책을 쓰고자 하는 사람들을 주변에 가까이 두고 자주 어울리는 사람이 결국에는 책을 써내고 있다.

주변 사람이 내 삶에 영향을 미치는 결정적인 환경이다. 원하는 삶을 살고자 한다면 내 주변에 있는 사람들을 관리해야 한다. 나의 원하는 삶과 비슷한 삶을 추구하는 사람들을 내 주변에 둔다면, 나는 원하는 삶을 사는데 더 긍정적인 영향을 받을 수 있다. 책 쓰는 삶을 살고자 정했다면 책을 쓰는 사람을 가까이 두어 자주 소통할 수 있도록 하자. 가치 있는 삶을 사는 다양한 사람들을 내 주변에 두면 나 역시 내 삶을 가치 있는 삶 쪽으로 이동시켜 갈 수 있다. 공부를 잘하고 싶으면 공부 잘하는 친구들을 만나려고 노력해야겠다. 내 삶을 긍정적으로 변화시킬 다양한 항목들을 이미 갖추었거나 어느 정도 경지에 도달했거나, 아니면 노력하는 사람 역시, 내 주변에 두어야겠다. 결국, 운은 사람을 통해서 들어온다. 불운도 사람을 통해서 들어올 수 있으니, 주변 사람 관리에 특별히 주의해야 한다. 배울 수 있고 내 삶을 업그레이드시키는 데 조금이라도 도움이 되는 사람들을 가까이해야 한다는 사실을 항상 잊지 말아야겠다.

주변에 어떤 사람을 두느냐에 따라 내 삶은 결정적인 영향을 받는다. 내가 자주 어울리는 사람들이 바로 내 삶이고 나의 미래가 된다. 주변을 돌아보자. 주변에 있는 사람이 어떤 사람인지 지금 관찰해보자. 가장 가까운 5명을 정하고 그 사람이 어떤 사람인지 파악해보자. 내 주위 5명의 평균적인 삶의 모습대로 내 삶도 변화되어 간다. 보편적으로 좋지 않다고 평가받는 사람들이나 내면이 단단하지 않은 사람이 주변에 있다면 다시 한번 생각해봐야 한다. 그 사람으로 인해 내 삶이 나쁜 영향을 받아 불행해져서는 안 되기 때문이다. 내가 원하는 삶이 명확하게 정해졌다면 긍정적인 영향을 주고받을 수 있는 사람을 만나기 위해 노력해야겠고 원하는 삶이 아직, 명확하지 않다면, 내 삶의 중심을 잡는 계기가 될 수 있는 사람을 만날 수 있도록 하자. 특히, 내가 주변 사람을 바꿀 힘이 약하면 더욱 사람 환경관리에 주의해야겠다. 또, 한가지 강조하고 싶은 것은 어떤 미래를 희망하든지 책을 가까이하는 사람을 옆에 두기를 권하고 싶다. 책 읽기와 책 쓰기는 삶을 혁신적으로 바꾸는 데 절대적인 영향을 미치기 때문이다. 주변에 책 읽기와 책 쓰기를 하는 사람들을 두고 꾸준히 만남을 유지한다면, 읽고 쓰는 것을 아무렇지 않은 일상으로 인지하고 나 자신도 읽고 쓰는 삶을 살게 될 것이다. 내가 만나는 사람이 곧 나의 미래가 된다는 사실을 강조하며 세상 가장 소중한 내 자식에게도 이 사실을 꼭 알려주길 권한다.

진짜 변화는 내면에서부터 시작한다

"오늘의 나는 어제보다 성장했고 내일의 나는 오늘보다 더 발전한다."

이 문구는 우리의 희망 사항이다. 어제와 다른 나를 희망하고 노력하지만 사실, 그렇지 못할 때가 많다. 희망과 달리 어제보다 오히려 부족한 나를 만나기도 한다. 시간이 지난다고 내가 그냥 성장하는 것은 아니다. 나이만 먹었다고 나이만큼 발전하는 것도 아니다. 시간은 시간일 뿐, 우리가 조금씩이라도 노력할 때 성장은 우리의 것이 된다. 아이나 어른이나 모두 마찬가지다. 아이의 관점에서, 어른이 공부를 하지 않아도 될 것 같아 부러워할 수 있다. "엄마, 나는 빨리 어른이 되고 싶어. 그래야 공부도 안 하고 내가 하고 싶은 것만 할 수 있잖아."라고 딸아이가 말했다. 하지만 막상, 어른이 되면 그것이 아니라는 것을 딸아이는 알게 될 것이다. 어른도 학교는 다니지 않지만 많은 공부를 한다. 타의든 자의든 스스로 열심히 한다. 열심히 노력했기 때문에 현실을 그대로 유지할 수 있는 것이다. 아무것도 하지 않으면 과거보다 못한 모습으로 퇴행한다는 진리를 자연스럽게 아는 나이가 되면 더 열심히 공부하게 된다. 또한 변화는 외면이 아니라 내면을 먼저 바꾸어야 찾아온다는 사실도 알게 될 것이다. 보통, 외면에 집중하는 경향이 있지만, 외면은 내면이 비추어서 나타나는 내면의 모습일 뿐이다. 그래서 나의 진짜 모습인 내면에 더 관심을 가져야 한다.

나는 내면에 관심을 가져야 한다는 것을 그동안 깊이 생각하지 못했다. 책을 읽으면서 내면 변화의 중요성을 느꼈다. 지금은 아침마다 의식에 관련된 책을 읽고 있다. "의식"하면 거창하고 왠지 종교적인 느낌이 든다. 하지만 종교와는 크게 상관없다. 나 또한 종교가 없다. 대학 때, 잠깐, 기독교 신자였기에 성경에 관한 내용을 알고는 있다. 나는 종교와 무관하게 삶에 유용한 내용의 모든 책을 읽고 있다. 이른 아침 시간, 의식에 관련된 책을 읽고 생각나는 단상을 글로 쓴다.

"세상에 드러난 것을 변화시킬 유일한 방법은 의식을 바꾸는 것뿐."

내면, 즉 우리의 의식을 바꾸어야 외면이 바뀝니다.
과거 의식을 가지고 꿈을 달성할 수는
없습니다.

책 쓰기를 소망으로 가졌다면
과거의 의식에서 벗어나
나는 이미 '책 쓰는 작가'라는 의식을
내면에 간직해야 합니다.
그래야, 책 쓰기 소망이
자연스럽게 현실로 드러나 작가라는 모습으로
살아갑니다.

원하는 것에 합당한 의식을
먼저 가져야겠습니다. 그래야 이루어집니다.

겉모습은 우리의 내면이 그대로
드러난 모습일 뿐이란 것을 알고 느낄 수 있다면
변화를 위해 의식에 더욱
관심을 가지게 될 것입니다.

나는 의식 책을 잠깐씩이라도 매일 읽는다. 그래도 엄마로서, 주부의
역할을 놓을 수는 없다. 아침에 일어나서 가장 먼저 하는 일은 아무래도
아이들 관련 일이나 집안일이다. 주로 글을 쓰는 곳을 식탁으로 정한 것
도 아침 시간, 꼭 해야 할 집안일을 같이 하면서 읽고 쓰기를 하기 위해
서다. 꼭 해야 할 일이라면 가족이 먹을 아침 국을 끓이는 일이거나, 청소
하는 일, 가끔은 급한 빨래를 하는 경우에 해당한다. 국은 간단하게 끓인

다. 최근에는 김국이란 것을 인스타 검색으로 알게 되었다. "세상에나 김국도 있구나!"라는 생각으로 요리법에 맞추어서 만들어 보았다. 육수를 끓기 시작하면 김 3장 정도를 손으로 찢어 넣고 계란 국물 만들어 휘둘러 부어 주면 끝이다. 바다향이 나면서 맛나다. 영양가도 풍부하면서 초간단 아침 국으로 최고였다. 가끔 양말이 부족해서 급히 아침 빨래도 한다. 물론 세탁기가 하는 일이지만 양말 펴서 세탁기에 넣고 건조기에 여는 일까지 하면 바쁘다. 청소는 기본으로 해야 한다. 개 1마리, 고양이 1마리로 인해 잔잔한 털 청소를 안 할 수가 없다. 매일 해도 매일같이 로봇청소기의 먼지 수거통을 열어보면 털이 한주먹씩 있다. 그것을 보고 엄마로서 그냥 넘길 수 없다. 국 끓이는 동안, 로봇청소기 돌리고, 세탁기까지 돌린 후 나는 책상에 앉아 의식 책을 펼치고 읽는다. 집안일도 중요하지만 역시 가장 중요한 것은 나를 성장시키는 것이기 때문이다.

　내면을 바꾸기 위해 내가 선택한 의식 책 읽기는 나름대로 원칙을 가지고 읽고 있다. 의식 책이라고 하면 어렵게 느껴진다. 눈에 보이는 외면을 다룬 내용이 아니기 때문에 그럴 것이다. 그래서 형이상학자의 책들은 읽기 쉽지 않다. 하지만, 가장 챙겨서 읽어야 할 책이 의식을 다룬 형이상학자의 책이란 생각을 나는 한다. 역시, 그 이유는 의식이 바뀌어야지 우리의 외면 삶도 변화되기 때문이다. 바쁜 가운데서 매일 읽기 위해서 내가 세운 가장 쉬운 방법은 시간을 많이 투자하지 않는다는 것이다. 길어야 10분, 정말 바쁠 때는 한 문단, 더 바쁠 때는 한 문장이라도 읽기로 했다. 이것을 1011 원칙이라고 정했다. "의식 책은 아침 1011 원칙으로, 즉, 10분 동안 1문단이나 1문장 읽기." 짧은 시간 읽기 때문에 부담스럽지 않고 그렇기에 매일 할 수 있다. 또 하나의 원칙은 의식 책을 읽고 나서 간단하게라도 인스타그램에 글을 쓰는 것이다. 인스타그램이란 플랫폼은 혼자서 글쓰기를 연습하는 데 도움이 많이 된다. 인스타그램에 글을 씀으로써 내 글은 타인이 보는 공개적인 글이 된다. 일기가 아니라 타인을 의식하고 쓰는 글이기에 글쓰기의 성장을 느낄 수 있다.

내가 읽고 있는 형이상학자인 네빌 고다드의 책에서 강조하는 것은 상상의 힘이다. 우리의 상상으로 온 우주의 에너지를 끌어들여 우리의 꿈을 현실이 되게 한다는 것이다. 어떤 간절한 소망이 있다면, 소망 달성된 상태의 이미지를 하나 정해서 계속해서 그것을 반복 상상하고 생생히 느끼다 보면 내 행동이 변하고 주변 환경도 변화되어 결국, 원하는 소망을 성취할 수 있다는 내용이다. 이 사상에 나는 공감한다. 결국이 내면의 변화가 외면을 바꾸는 것이다. 내 소망의 근원지는 나 자신이다. 더 정확히 말해서 나의 내면이다. 원하는 무엇인가가 있다면 이런 나 자신부터 그 원하는 것에 합당한 내면으로 먼저 만들면 된다. 교사 임용고시 시험에 합격하는 사람은 전문적이 지식이나 인성, 태도 면에서 먼저 교사가 되었기에 교사로 임용될 수 있었다고 볼 수 있다. 진정한 내면의 변화가 바로 외면의 변화로 이어진 것이다. 모든 우리의 삶이 이것에 맞아떨어진다. 어떤 소망을 원할 때, 이 진리를 활용해야겠다.

우리의 내면 모습이 중요하다. 외면을 추구하는 젊은 나이 때는 내면보다는 외적 모습의 변화에 더 열중할 수 있다. 하지만, 근본적인 변화는 외면이 아니라 내면이라는 점을 기억해야겠다. 내가 진정 바라는 것이 있을 때도 외면보다는 내가 원하는 모습의 내면이 어떠한지 파악하여 그 내면과 비슷한 나의 내면을 만들기 위해서 노력해야겠다. 의식 책으로 내면인 나의 의식을 변화시키고 강화하기 위해 내가 노력하는 것처럼 되고 싶은 것, 하고 싶은 것, 바라는 것의 내면을 그대로 내가 갖추기 위해 시간을 투자해야 할 것이라고 확실히 말할 수 있겠다. 외면은 빙산의 일각과 같은 모습이다. 어떤 어려움이 닥쳐오면 그대로 사라질 일시적인 모습일지 모른다. 외면이 아니라 내면에 집중하여 내면을 먼저 바라는 그 모습대로 갖추기 위해 노력하는 지혜로운 사람이 되었으면 하는 바람이다. 내 아이에게도 항상 강조하는 바이다.

합당한 대가를 치러야 삶이 바뀐다

아들은 레고를 좋아한다. 아이가 어릴 때, 여유시간이 있을 때마다 레고 교실을 데리고 다녔다. 딸도 함께 갔다. 1달 일정한 금액을 지불하고 일주일에 몇 번씩 아이들은 갔다. 갈 때는 신나서 그 무엇도 부럽지 않은 표정이었다. 하나하나 맞추어지면서 어떤 모양이 완성되어 가는 과정을 아이들은 좋아했다. 레고가 두뇌 발달에도 좋다고 하니, 초등학교 들어가기 전 놀이로는 좋다는 생각이다. 그때의 기억 때문일까? 아들은 중학생이 되어서도 가끔 레고를 사달라고 한다. 어린아이가 아니니, 크기도 그때보다는 훨씬 큰 것으로 희망한다. 가격도 만만치 않다. 어느 날 갑자기 너무도 레고가 가지고 싶다고 해서 레고 주문을 해주었다. 이것은 해외 배송 레고로 2주 정도 시간이 소요된 후 배달되었다. 아들은 배달된 레고를 신나게 만들었다. 1주일도 되지 않아서 다 만들어버렸다. 뭔가 아쉬움이 남는지, 다시 하나만 더 사달라고 졸랐다. 곤란한 표정을 짓자 아들은 상품가의 2/3를 지불하겠다고 했다. 못 이기는 척 나는 다시 주문해 주겠다고 했다. 아들은 자신의 돈을 지불하고는 레고 가격이 만만치 않다는 것을 인지한 듯하다. 2번째 레고 상품이 왔을 때는 아껴가면서 레고를 만들어 갔다. 가치 있고 소중한 것이기에 오랫동안 천천히 즐기고 싶다는 생각이 든 모양이다. 대가를 치러봐야 더욱 소중하게 느끼고 그 가치를 제대로 알게 된다. 그 가치를 확실히 알게 될 때, 그것은 내 삶에 뿌리를 내리게 된다. 소중한 것을 더욱 귀하게 소유하고 싶어 하고 더 오랫동안 간직하려 노력하게 되는 것이다.

내가 인생 첫 책을 쓸 때, 나는 책 쓰기를 배우는 과정에 거금을 투자했다. 지금, 그 당시를 생각하면 어떻게 그런 용기가 났나? 의아스럽다. 그때 모든 여건이 내가 책을 쓰도록 도왔다는 생각이 든다. 나는 검소한 편이다. 쓸데없이 낭비하는 것을 싫어한다. 돈뿐만 아니라 시간도 마찬가지이다. 시간은 계획을 세워 움직이는 편이다. 아침에 일어나서 오늘 해야 할 중요한 일을 최소한 3가지는 기록한다. 기록의 힘을 활용하여 기록과 함께, 그 일은 그날의 시간에 이룬다. 기록만 해도 신기하게 일의 성취율이 높아진다. 경험을 통해서 몸으로 알게 된 기록의 힘을 항상 나는 활용한다. 알뜰살뜰, 중요하다고 생각하는 것은 신중할 수밖에 없다. 그런데, 책 쓰기 시작할 그 당시에는 거금을 투자하게 되었다. 카드 결제를 하고 나서 나는 그날 밤, '내가 정말 잘한 것인가?' 고민했다. 잠이 오지 않았다. '아무것도 내세울 것도 없는 내가 감히, 책을 쓸 수 있을 것인지? 비싼 돈만 날리는 것은 아닌지?' 생각하고 또 생각했다. 하지만 이미 대가는 치러진 상태이다. 나에겐 이미 지불한 대가에 맞게 내가 그 가치를 내 것으로 만들어 내는 일밖에 없었다.

돌이켜보면, 그때 거금을 투자하고 책 쓰기 시작한 것은 정말 신의 한 수였다. 아주 잘한 일이었다. 다른 책 쓰기 과정보다 비싼 가격이었지만 지나고 나니 정말 탁월한 선택이었다고 생각한다. 나는 비싼 지불을 했기 때문에 이를 악물고 내 이야기를 책으로 써낼 수 있었다. 그 당시 나는 인생 변화에 대해 간절함이 있었다. 아이들은 어리고 직장생활은 뒤죽박죽인 느낌이었다. 자존감은 바닥을 쳐서 새로운 뭔가를 할 에너지가 부족했다. 심란한 마음을 다잡기 위해 나름대로 노력을 했다. 유명한 인생 이야기를 들을 수 있는 '세바시' 강의를 노트에 필기까지 하면서 열심히 들었다. 뭔가를 배우기 위해 여유시간을 할애하기도 했다. 하지만 부족했다. 채워지지 않고 변하지 않는 상황을 혁신적으로 변화시킬 뭔가가 더 필요했다. 그것이 바로 '책 쓰기'라고 난 결정을 한 것이었다. 책 쓰기를 통해서 어떤 대가를 치러서라도 나는 어려운 상황을 통과하고자 하는 열의가 강했다. 큰 대가를 투자하고 나는 변했다. 역시, 가치에 합당한 대가를 제대로 치르고 나서야 삶이 바뀌었다. 나는 삶을 완전히 바꾸었다.

고가의 대가를 치르고 책 쓰기를 배우고 익힌 후 나는 다음과 같이 삶을 변화시켰다.

첫째, 책 쓰기 기술을 나의 삶에 완전히 장착했다.

비싼 지불을 한 만큼 본전을 뽑아야겠다는 생각이 들었다. 그래, '책 쓰기 기술은 반드시 내 것으로 만들 것이다.'라는 각오가 절로 생겼다. 돈이라는 것이 참 이상하다. 내가 계산한 그것의 가치는 금액만큼 높아 보인다. 내가 인지한 그 가치만큼 내 것으로 꼭 만들고 싶어진다. 그래서 책 쓰기는 공짜로 배워서는 안 된다는 생각이 지금은 든다. 무료로 배우면 당장은 좋은 것 같지만 사실, 그 가치를 잘 모른다. 쉽게 얻었기 때문에 쉽게 생각한다. 책 쓰기의 가치가 무궁무진한데, 그것을 내 것으로 만들지 못하고, 그 가치를 제대로 알아채지 못하니, 그것만큼 내 인생에 손해는 없다. 어찌하였든, 나는 고가를 지불했기에 어떻게 해서든 책을 써내기 위해 고민하고 노력하고 연구의 연구를 계속했다. 그렇게 책 쓰기 시작한 지 4개월 만에 인생 첫 책 《하루 한 권 독서법》을 출간했다. 출간 후에도 나는 책 쓰기를 현재까지 계속하고 있다. 더 쉽게 책을 쓰고 다른 사람에게도 공유하기 위해 지금도 연구 중이다. 이제는 책 쓰는 기술을 내 삶에 완전히 장착시켰다. 비싼 대가를 지불했기에 더욱 악착같이 내 것으로 만들 수 있었다. 그때 정말 잘했다고 두고두고 생각한다.

둘째, 1년에 3권 이상 다작을 한다.

책 쓰기 기술을 몸에 장착하고 나니, 출간하는 책의 수도 해가 지날수록 늘어가고 있다. 나는 휴직 기간에 책 쓰기를 처음 시작했다. 그래서

'복직한 후에도 여전히 책을 쓸 수 있을까?'가 가장 궁금했고 책 쓰기와 멀어질까 봐 불안한 마음이었다. 직장생활을 하다 보면 아무래도 시간이 부족할 것이고 마음의 여유 또한 줄어들기 때문이다. 하지만 염려한 것과는 달리, 책은 여전히 같은 속도로 출간했다. 꾸준히 새벽 시간을 활용했다. 새벽 시간활용은 직장생활과 관련 없다. 결단과 실천만 있다면 충분히 활용할 수 있다. 새벽 시간을 이용해서 지금도 여전히 1년에 2권 이상, 3권씩 출간하고 있다.

셋째, 나의 모든 삶을 책으로 변화시킨다.

삶이 책의 재료이다. 삶이 글감이다. 사는 시간의 모든 경험이 글감이 되어 책으로 변화된다. 이러니, 삶이 소중하지 않을 수 없다. 시련인 순간에도 감사하다. 도전의 순간엔 더욱 기대되고 흥미로워진다. 시련으로 우울해지고 도전으로 두렵지 않은 것이다. 책으로 변화되는 삶, 그런 삶을 살 수 있다는 것이 감사할 뿐이다.

넷째, 나의 책 쓰는 경험과 노하우를 공유한다.

책 쓰기 경험과 노하우, 내가 가진 것들을 공유하고 있다. 책으로도 공유하지만, 온라인, 오프라인을 통해서 책 쓰기에 간절함을 가진 예비작가들에게 공유한다. 예비작가는 책 쓰기 세계가 처음이기에 어설픈 자신에게 때론 섭섭하고 때론 이해가 안 될 때도 있을 것이다. 하지만, 출간이란 끝에 서 있으면 자신을 이해하게 된다. 나는 중간에 초심을 잃은 작가들도 있지만 그래도 어떤 실수를 해도 이해해주고 싶은 마음이 생긴다. 나도 그때는 그랬기 때문이다. 나에 첫 책 쓰기의 세계를 인도한 기성작가에게 그 작가가 어떤 사람인지와 상관없이 나는 감사해하고 있다. 그만큼 책 쓰기가 가치 있다는 의미일 것이다. 나 또한, 그런 감사함의 존재가 지금은 되고 있을 것이라 확신한다. 더 많은 예비작가들이 나를 통해서 책 쓰는 삶을 살기를 바란다.

다섯째, 아이들에게 글쓰기의 가치를 강조하고 글 쓰는 법을 가르치고 있다.

나는 책 쓰기를 아이들에게도 조금씩 가르치고 있다. 3문장을 써서 가족 단톡방에 올리게 한다. 3문장에도 서론-본론-결론의 형식이 있다. 그 흐름을 인식하고 글을 쓰게 하려고 3문장 쓰기를 강조하고 있으며 중학생이 된 아이들은 학교 공부에서 3문장 글쓰기가 도움이 된다고 이야기한다.

여섯째, 글쓰기가 익숙해지면서 직장생활도 술술 풀렸다.

직장생활에서 가장 필요한 역량이 글쓰기였다. 글을 써보니, 알겠다. 글을 씀으로써 소통이 원활하게 된다. 코로나19 상황도 경험했지만, 비대면 상황에서 소통하는 방법은 바로 글이다. 글의 가치는 더욱 높아질 것이다. 업무 소통이 원활해지니 오해도 줄고 직장업무는 물론, 직장생활 자체가 수월해진다. 글쓰기가 내 인생에서 효자이다.

　합당한 대가를 치러야 삶을 변화시킨다. 이것은 아무리 강조해도 과하지 않다고 말하고 싶다. 우리는 대가를 치르지 않은 것의 가치를 낮게 평가하는 경향이 있다. 똑같은 것이라도 어떤 식으로든 대가를 냈을 때와 대가를 치르지 않았을 때는 제 생각에 차이가 확연히 발생한다. 그 차이는 내 삶에 그대로 배어난다. 대가를 치른 것은 가치 있다고 생각하고 그렇지 않고 쉽게 얻은 것은 가치가 없다고 생각한다. 비싼 값을 치른 가치 있는 것은 내 삶에 악착같이 붙들려고 하고 대가를 치르지 않은 가치 없는 것은 무시한다. 사실은 대가를 치르지 않았더라도 가치 있는 것은 분명히 있는데, 그것을 인지하지 못한다. 그래서 가치 있는 것일수록 반드시 대가를 치러야 한다는 것이다. 대가를 치르지 않고 그저 쉽게 얻게 되면 그것을 내 삶에 활용할 가능성이 떨어진다. 무료가 이득이 아니라 내 인생에 크나큰 해가 되는 것이다. 지불해야 할 금액을 보지 말고 그 가치를 봐야 지혜롭다. 여기에서도 멀리 봐야 함이 필요하다. 무료의 달콤함에 빠져 황금알을 낳는 그 가치를 인지하지 못함을 경계해야 한다. 비싸면 가치 있다고 당연시할 필요는 없지만 그래도 비싸면 나름 그만한 가치가 있을 수 있음을 가정하고 확인해봐야겠다. 그리고 주위에서 정말 가치 있다고 여러 번 반복해서 말하는 것들에 대해서는 관심을 가지고 스스로 합당한 대가를 치르려고 노력해야 한다. 대가는 돈에만 해당하는 것이 아니다. 어떤 방식으로든 그 대가를 치를 수 있다. 합당한 대가가 결국, 그 가치를 알아채게 하고 알아차린 그 가치로 내 삶을 혁신시킬 수 있다는 사실을 잊지 말자.

한만큼 돌아오는 것이 인생이다

아침마다 하는 루틴이 있다. 가볍게 집안일을 하고 나는 식탁에 앉아 읽고 쓰는 일을 한다. 인생 첫 책을 쓰고 난 후부터 나는 아침 일찍 이 일을 꾸준히 하고 있다. 엄마이기에 개인적인 시간을 갖기 어렵지만, 책을 씀으로써 새벽에 일어나려고 노력했고, 노력한 결과 나만의 시간을 가지게 되었다. 오늘 아침 역시, 나는 읽고 쓰는 일을 한다. 갑자기 밥솥에서 음성이 들려온다. "맛있는 밥이 완성되었습니다. 밥을 저어주세요." 이제 막 본격적인 내 일을 시작하려고 의자에 앉은 순간, 들려온 음성이었다. 잠시 고민했다. '밥을 저을 것인가? 말 것인가?' 밥을 젓지 않으면 부드럽지 못한 밥을 먹어야 한다. 그렇다고 지금 막, 내 일을 시작하려는 이 순간 일어나서 밥을 저으면 흐름이 깨진다. 밥을 저으라는 기계음을 무시할 수도 없는 상황이다. 고민도 잠시, 의자를 뒤로 밀치고 일어나 밥통 뚜

껑을 열고 밥을 저었다. 모락모락 김이 올라오면서 밥 향기가 식욕을 자극했다. 밥을 먹고 나면 머리 회전에 지장이 있어 글쓰기에 방해가 되기 때문에 먹고 싶다는 욕구를 지워버렸다. 유혹에서 벗어났다. 밥 젓는 것도 별것 아닌 듯하지만, 그렇지 않다. 젓지 않은 밥은 먹을 때 뭔가 아쉬움을 남긴다. 잠시의 불편함을 뒤로하고 밥 젓는 행동은 잘한 것이다. 내가 한 만큼, 나는 맛난 밥을 먹을 수 있다.

남편에게는 정말 고쳤으면 하는 안 좋은 습관이 하나 있다. 남편은 큰소리를 자주 낸다는 것이다. 경상도 남자이긴 하지만 모든 경상도 사람들이 다 그런 것은 아니다. 나도 경상도 집안이기 때문에 알고 있다. 처음에는 남편의 고함에 적응되지 않았다. 나는 화가 날수록 큰소리보다는 작은 소리로 조용히 소통해야 한다고 생각하는데, 별로 큰소리 낼 상황도 아닌데도 소리치는 것이 당황스러웠다. 사람은 쉽게 바뀌지 않는다. 스스로 깨닫고 노력해야 조금씩 변화한다. 문제는 아이들이 아빠처럼 큰소리를 닮아간다는 것이다. 특히, 아들은 "아빠가 고함쳐서 싫어."라고 하면서 아빠처럼 대수롭지 않은 일에 고함을 친다. 또한 큰소리에 익숙한 아들은 아빠가 자신에게 큰소리로 훈계를 해도 크게 개의치 않는다. 아빠는 여전한 모습으로 크게 말했지만, 아들은 처음에 조금 주춤했다가 지금은 웬만큼 소리를 쳐도 꿈쩍도 하지 않는다. 그러니, 남편은 더 크게 얼굴을 붉히면서까지 말한다. 아들과 남편이 만나면 큰소리로 대화하는 정경이 펼쳐진다. 앞으로 염려스러운 것은 아들은 크고 아빠는 나이 들어 힘없어질 때, 아빠가 아들에게 큰소리를 들어야 하는 상황이 발생할지도 모른다는 것이다. 나이 들면 모든 것이 섭섭해진다고 했다. 아들한테까지 다정한 목소리는 고사하고 화난 듯한 큰소리를 듣는다면 그것을 어떻게 감당하겠는가 하는 생각이 들었다. 지금이라도 남편이 그것을 깨닫기를 바랄 뿐이다. 어린 자식일수록 부모의 모든 것을 흡수한다. 가르치지 않아도 부모가 하는 행동을 그대로 따라 배우는 것이다. 부모가 하는 모든 것은 그대로 아이에게 남겨진다. 한 치의 오차도 없이 아이에게 전달된다. 지금이라도 늦지 않았다. 아직 어리기에 지금부터라도 다정한 목소리로 아들을 대하고 가족에게 말해야 한다고 나는 좀 더 진지하게 남편과 이야기를 나누어 보아야겠다고 생각했다.

나는 늦은 나이에 아이 둘을 낳아 길렀다. 첫째 아이를 42세에, 둘째는 거의 43세 끝나갈 때쯤 얻었다. 귀한 아이들인 만큼, 더 잘 키우고 싶은 욕심이 있어 나는 오랜 기간 휴직을 했다. 첫째와 둘째는 17개월 차이로 거의 쌍둥이처럼 키웠다. 남편과는 주말부부였기에 지금 돌이켜보면 그 힘든 육아시간을 어떻게 혼자서 견뎌냈는지 정말 대단했다는 생각이다. 인간은 상황에 맞게 무한 잠재력을 발휘하는 것이 맞다. 도저히 불가능할 것 같은 일도 막상 그 상황이 되면 잠재된 능력을 발휘해서 그 일을 해낸다. 늦은 나이에 쌍둥이 같은 2명을 혼자 키워냈으니, 스스로 대견스럽다. 그 기간 직장은 당연히 휴직을 할 수밖에 없었다. 4년간 휴직하고 복직했을 때이다. 복직하고 보니, 코로나19 상황이었다. 보건교사인 나는 책임이 막중했다. 복직하기 전부터 나는 잠을 설쳤다. '내가 코로나19로부터 학교의 건강을 방어할 수 있을까?' 같은 의심을 하면서 심적 부담감을 느꼈다. 하지만, 운 좋게 복직하던 해 나는 주변 동료를 잘 만났다. 내가 소속된 부서원들이 나를 이해해주고 보이지 않게 도와주었다. 보통 보건은 체육과 소속이 대부분인데, 이곳 학교에서는 '생활 인권부' 소속이었다. '생활 인권부'는 쉽게 말해서 '학생부'이다. 학생부는 학교에서 방황하는 학생들이 자주 드나드는 곳으로 해결해야 할 문제들이 끊이지 않는다. 학생부의 업무 자체도 쉽지 않은 상태이다. 그런 상황에서도 코로나19 상황을 잘 대처할 수 있도록 여러 면으로 도와준 학생부 교사들에게 지금도 감사한 마음이 든다.

2년 정도 지나니, 나는 보건 업무에서 홀로서기가 가능해졌다. 4년 만의 복직에서 어려웠던 점은 전산시스템의 놀라운 발전적 변화에 대한 적응과 업무조정이었다. 학교 내 메신저 소통의 프로그램을 익히는데, 2박 3일이 걸렸다. 보건 업무환경 자체가 혼자서 근무서는 환경인지라 모르는 것을 질문하기가 쉽지 않다. 그래서 혼자서 공부하고 깨우쳐야 하는 일들이 많았다. 그리고 내가 오기 전에 기간제 교사가 있었기 때문에 의견 제안이 어려운 상황으로 업무정리가 안 된 부분들이 있었다. 예를 들어 전문상담교사가 있는 고등학교임에도 불구하고 정서검사 일부와 검사의 통계 보고를 기간제 보건교사가 하고 있었다. 이 부분도 관리자와 교사들의 공감대 형성으로 원래대로 전문상담교사가 맡게 되었다. 사실 코로나19 대응에 관련된 공문은 하루에도 수십 부씩 전달되어 그 업무만 처리하는데도 기력이 쇠진될 정도였다. 그래서 기본 보건 업무를 다시 익히는 데도 시간이 오래 걸렸다. 하지만 이제는 시간도 지났고 노력한 만큼 숙달되어 보건 업무 활동이 안정권에 들어섰다.

　보건에 어느 정도 익숙해지면서 지나온 시간을 되돌아보게 되었다. 지금의 학생부 선생님들을 만나지 못했다면 시간이 지났지만, 여전히 보건 업무로 헤매고 있을지 모르겠다. 학교 건강 유지와 증진은 고사하고 나 자신이 보건 업무의 무게에 깃눌려 도망쳤을지 모르겠다는 생각이다. 그런 생각을 하니, 학생부의 동료 교사들이 고맙다. 그래서 나는 하나라도 더 그들에게 도움이 될 방법을 생각한다. 큰 도움은 아니겠지만 작은 도움이라도 주고 싶었다. 공문 중에 어느 부서에서 처리해야 할지 애매한 공문이 있다. 그럴 때, 잘못하다가는 교사 간 서로 얼굴을 붉히고 불편해질 수 있다. 이런 상황이 유발될 가능성이 있는 공문은 읽어 보면 감이 온다. 다른 교사에게 갈 공문이 나에게 잘못 전달되어도 나는 웬만하면 그 공문을 처리하자는 마음이다. 또한, 가끔 빵을 살 때, 학생부 선생님들의 빵도 함께 구매해서 챙겨준다. 어떻게든, 나는 내가 받은 만큼, 고마움을 그렇게라도 전달하려 했다. 이것이 사람의 마음이다.

내가 한 만큼 보상으로 나에게 돌아오는 것이 세상 이치이다. 최선을 다했을 때는 섣불리 좌절하지 말고 희망을 품어도 된다. 대가를 바라고 하는 것이 아닐지라도 내가 노력한 그것은 없어지지 않고 잊을만하면 어떤 방식으로든 나에게 전달되어 온다. 다양한 모습으로 다시 나에게 돌아오는 것이다. 만약, 기대한 결과의 보상이 없었다면 반성할 기회로 생각하면 된다. 스스로 마음을 다해 노력하였는지 되돌아보는 것이다. 학생이라면, 시험공부를 할 때도 열정적으로 해야지, 누군가에게 보이기 위해 한다면 만족스럽지 못한 점수를 받을 수밖에 없다. 그럴 때 점수가 낮더라도 그것을 당연하게 생각하면서 반성해야 해야 그다음의 행동이 변화된다. 스스로 열심히 하지도 않았으면서 어떤 보상이나 대가를 바라는 것은 지혜롭지 못한 사고방식이다. 정확히 내가 한 만큼 세상은 나에게 보상을 준다는 진리를 잊지 말고, 간절히 얻고자 하는 무엇인가가 있다면 그것을 달성하기 위해 합당한 행동들을 더 많이 해야겠다. 그런 행동 뒤에 얻는 것이 진짜 보람이다. 그저 쉽게 얻는 것은 당장은 이득 같지만, 사실은 내 인생에 독이 될 수 있다는 사실을 기억하자.

삶이 힘들다면 책을 펼쳐라

살다 보면 정말 힘들 때가 찾아온다. 모든 것을 포기하고 싶고 어디론 가 훌쩍 떠나고 싶은 마음이 든다. 하지만, 떠나더라도 근본적인 문제는 그대로 남아 있다. 내가 없어진다고 그 문제가 해결되는 것은 아니다. 잠시 내 눈에 안 보일 뿐이다. 사실, 문제는 문제로만 봐서는 안 된다. 문제 속에 새로운 기회들이 품어져 있다. 결국, 문제는 나 자신이 풀어야 그 문제로부터 비로소 벗어나며 생각지도 못한 성장을 거머쥘 수 있다. 이런 사실을 사람들은 잊어버린다. 그래서 문제를 억눌러 표면에 나타나지 않게 하거나 외면하려고 한다. 상황이 힘들 때 사람들은 근시안적으로 문제해결점을 찾으려 한다. 알코올에 의지하거나 손쉽게 잊고 즐길 수 있는 게임에 심취한다. 그리고 정말 해서는 안 될 극단적인 시도까지 한다.

고통스러운 현실을 잊기 위해 부정적인 방법들로 노력하지만, 오히려 더 심각한 상태에 이른다. 현실의 문제를 해결하고자 사용한 임시방편이 오히려 삶을 갉아 먹는다. 이를 때 조용히 상황을 관찰해서 근본적인 해결점에 집중해야겠다. 혼자서 힘들다면 단언컨대, 책을 의지하는 것이 현명한 방법의 하나라고 강조한다. 책에는 각 분야의 전문가들이 자신의 전공과 경험, 노하우를 살려 삶에 관한 유익한 의견들을 읽기 쉽게 적어 놓았다. 그것을 우리는 그냥 가져와 내 삶에 적용하면 된다.

나는 늦은 출산과 육아를 했다. 마흔이 넘어서 아이 둘을 얻었지만, 육아에 대해서 아무것도 몰랐다. 그 당시, 나에게 가장 큰 문제는 육아였다. '학교 다닐 때, 출산과 육아에 대해서 좀 더 배울 수 있었다면 얼마나 좋았을까?' 아이를 낳아 기르면서 처음으로 생각했다. 늦은 결혼으로 내 아이와 같은 나이의 자녀를 가진 엄마들은 나와 나이 차이가 크게는 12살 차이가 났다. 띠동갑이었다. 하면 할수록 육아에 대한 궁금점은 늘어나는데, 그렇다고 주변 어린 엄마들에게 물어보기가 불편했다. 아이가 울고 보챌 때, 어떤 문제들이 있으며, 시기별로 어떤 예방주사를 맞혀야 하는지, 그리고 이유식은 어떤 것을 먹여야 하며, 한글은 언제부터 조금씩 가르쳐야 하는지, 기타 등등, 육아하면서 엄마들이 알고 행해야 할 것들이 한둘이 아니었다. 육아하기 직전까지 정말 한 번도 생각해보지 않았던 다양한 영역들이다. 밤낮 바뀐 아이 보살피기도 바쁜 와중에 정말 산

넘어 산이란 느낌을 가질 수밖에 없었다. 늦은 육아로 어머님은 연로하시고 남편은 주말부부로 오로지 혼자서 모든 것을 해결해야 했다. 모든 세상의 엄마들이 자기 아이이니 쉽게 잘 키우는 것으로만 알고 있었기에 육아가 그렇게 어려운 문제인지 미처 알지 못했다. 주변 가족들도 역시, 제 새끼이니 잘 키울 거라는 관점으로 바라볼 뿐이었다.

그래서 해결법으로 찾은 것이 독서였다. 대학 때 소설책을 열심히 읽었던 기억이 불현듯 생각났다. 책 속에는 지금 나의 가장 큰 문제인 육아의 답을 찾을 수 있을 것이란 생각이 들었다. 아니, 지푸라기라도 잡는 심정으로 육아서를 펼쳤다. 혼자서 육아란 문제를 해결해야 했기에 책을 읽기 시작한 것이다. 하지만, 그 방법은 다행스럽게도 나의 육아에서 조금은 어려움을 벗어나고 자신감을 가지게 했다. 책에는 궁금한 내용의 해법들이 들어있었다. 내가 미처 생각하지 못한 부분까지 육아 선배 엄마들이 세세하게 적어놓았다. 읽고 또 읽었다. 몸이 피곤하더라도 새벽 시간을 활용해서 읽었다. 육아서, 100권, 200권 읽는 권수가 늘어날수록 육아에 여유가 생겼다. 당연했다. 육아를 읽음으로써 육아의 문제들이 사라졌기 때문이다.

새해마다 독서 습관을 들이는 것이 소망 1순위로 올라오곤 한다. 이것을 봤을 때, 독서 습관 형성이 힘들다는 것을 알 수 있다. 독서가 중요하다는 생각을 누구나 하고 있지만, 실천이 잘 안 된다는 의미일 것이다. 내 아이들도 책 읽기를 즐기지는 않는다. 내가 읽고 쓰는 것을 열심히 하는 이유 중 하나가 아이들 때문도 있다. '엄마가 책을 읽고 쓰면 내 아이들도 따라서 그렇게 하겠지.' 하는 마음이 있었다. 하지만 아니었다. 아직 중학생이니 속단할 수는 없지만, 독서를 그리 좋아하지 않는다. "우리 아이는 혼자서 책을 읽더니, 한글도 혼자서 깨우쳤어요." 하는 엄마들이 가끔 있다. 나는 믿기지 않는다. '어떻게 아이가 한글을 가르치지도 않았는데, 혼자서 알게 될 수 있을까?' 하는 생각이다. 그것도 4세, 5세 때 깨우쳤다고 한다. 못 믿을 정도로 신기하고 부럽기도 했다.

독서 습관을 쉽게 들이기 위한 중요한 실천 방법 몇 가지를 소개한다.

첫째, 처음에는 책 선택이 중요하다.

독서 습관 형성을 위해서는 책 선택을 신중히 해야 한다. 한마디로 내가 재미를 느낄 수 있는 책이어야 한다. 아이일 경우 아이들의 관심사를 최대한 반영한 책이면 좋다. 성인일 경우에는 현재 가장 큰 문제나 당장 해결할 문제를 다루는 책, 그와 관련된 힌트를 얻을 수 있는 책이면 가장 좋다. 관심사와 자기 문제의 해결을 다룬 책이 세상에서 가장 재미있는 책이 되는 것이다. 재미있으면 상황은 종료된다. 독서 습관을 형성할 가능성이 커진다. 재미있는 것은 매일 하고 싶고 매일 즐기고 싶다. 재미가 가미된 독서는 누군가가 하라고 강조하지 않아도 스스로 하게 된다. 아이들이 이런 독서를 할 수 있도록 아이라면 아이의 관심사가 가미된 책을 찾아서 건네주고, 어른이라면 스스로 문제를 명확히 정의 내리고 그 키워드를 검색해서 원하는 책을 골라 읽으면 된다. 독서 습관 형성에서 가장 중요한 부분은 바로 책 선택이라는 것을 강조한다.

둘째, 정한 시간에 기계처럼 책을 펼쳐라.

몸에 익히는데, 시간이 필요하다. 그 시간을 채우기 위해서는 처음에는 인위적인 노력을 투자해야 한다. 생각이 많으면 행동하기 어려워 생각은 20%, 행동은 80%에 비중을 두고 움직여야 한다. 새벽 수영을 등록했을 때, 나는 수영을 안 하더라도 무조건 수영장 주차장까지는 간다고 계획을 세웠다. 한겨울에는 정말 새벽부터 물속에 들어가기 싫었다. 완전히 차가운 물은 아니라 해도 그렇다. 그런 생각들이 있으니, 집안 현관문을 열고 나가기 쉽지 않았다. 독서 습관 형성하는 것도 마찬가지이다. 일단, '나는 생각 없는 기계이다.'라며 그냥 생각 없이 책을 펼쳐야 한다. 변화에 대한 거부반응은 인간의 생존 욕구이다. 그 변화가 부정적인 변화도 포함되어 있기에 생존적인 감각으로 거부하는 유전자가 반응한다. 그렇기에 더 기계적으로 책을 펼치는 전략을 사용해야 한다.

셋째, 책 읽는 시간을 따로 세팅해라

일정한 시간을 정해두면 습관 형성이 더 잘된다. 그 시간이 하나의 스위치 효과를 한다. 만약, 아침 7시에 책을 읽었다면 아침 7시가 되면 책을 읽어야 할 것 같은 느낌이 장착된다. 주로 나는 새벽 시간에 책을 읽는다. 새벽 독서는 낮의 독서와 질적으로 다르다는 것을 깨닫고 새벽 독서를 선호한다. 새벽 시간 집중해서 책을 읽음으로써 빠르게 삶을 변화시켰다. 이른 아침 기상을 한다면 새벽에 독서 시간을 정하고 실천하길 권한다. 새벽 기상을 안 하면 낮에 여유로운 시간에 책 읽는 시간을 정하면 된다. 오전 10시, 오후 3시, 오후 7시 상황에 맞게 정하면 독서 습관은 더 빨리 내 삶으로 끌어들일 수 있다.

"삶이 힘들 때, 책을 의지해야 한다."라고 강조한다. 희로애락의 인생사에서 책은 든든한 친구이면서 문제해결의 팁을 친절히 알려준다. 책에 대한 가치를 아직 모른다면 가치를 깨닫기 위해서 책을 읽는 습관 형성에 노력하길 권한다. 유명연예인들의 안타까운 사망 소식을 접할 때마다 그들이 만약, 독서를 알았다면 생각지도 못한 위로를 받고 잘못된 선택을 잠시라도 보류하지 않았을까? 하는 생각을 나는 한다. 순간의 오판으로 자신의 생을 허망하게 잃게 하고 가족은 평생 표현하기조차 버거운 슬픔을 가슴에 묻고 살아가야 한다. 책을 보면 나보다 더한 상황들도 많다는 것을 알게 된다. 내가 힘들 때는 내 감정에 함몰되어 세상을 넓게 보지 못한다. 각양각색의 수많은 시련 속에 있는 사람들을 책에서 읽으면서, 그들과 함께 힘든 시기를 잘 넘길 수 있다. 시련을 극복한 사람들이 제시하는 방법들도 그 시기에 활용할 수 있다. 책에는 이런 모든 내용이

수록되어 있다. 다른 곳에서 해결법을 찾아 방황할 필요가 없다. 책을 통해서 수시로 나의 마음을 위로받고 벗어나지 못할 것 같은 그 시기를 지혜롭게 통과할 수 있는 것이다. 힘들수록 책을 가까이하길 재차 강조한다.

즐기는 운동 하나는 가져라

"좋아하고 즐길 운동 하나는 있어야 한다."

나는 아이들에게 평생 즐길 운동 하나는 꼭 있어야 한다고 말한다. 첫째 아이는 태권도를 하고 있다. 아이들은 바빠서 중학생인 첫째는 밤 9시에 태권도장을 간다. 밤 9시면 씻고 잘 준비할 시간대인데, 바쁜 아이들을 위해 그 시간 프로그램이 있었다. 밤 9시 체육관엔 아이들은 차고 넘친다. 그리 넓지 않은 체육관 안에 대략 20명 이상이 되는 것 같다. 아들도 처음에는 어색해하더니, 가족적인 분위기라 쉽게 적응하고 열심히 배웠다. 그러더니, 키도 몰라보게 자랐다. 지금은 아빠 키보다 훨씬 크다. 그에 비해 작은 아이는 주짓수를 했다. 지금은 잠시 휴식 중이다. 주짓수 도장이 집에서 좀 떨어져 있어서 오래 다니지 못한 원인이 되었다. 6개월 정도 다니다 시간이 부족해서 결국 그만두게 되었지만, 또 다른 운동을 위해 물색하고 있다. 조만간 작은 아이도 다시 운동을 시작할 것이다. 운동은 바쁜 사람일수록 해야 하고 행복해지고 싶은 사람일수록 필요한 것이다. 그 외 다양한 이유로 운동은 해야 한다는 것을 이미 아이들은 알고 있다.

　운동은 이왕이면 어릴 때 시작해야 효과적이다. 운동하는 습관은 평생 건강지킴이 역할을 해준다. 어릴 때 하면 운동의 재미, 건강의 가치, 운동의 효과들이 더 깊이 몸속에 저장된다. 나는 초등학교 다닐 때, 학교 내 배구선수를 했다. 어리다 보니, 특별히, 큰 의미를 두고 시작한 것은 아니었다. 아이들과 함께 어울려 논다고 생각하고 시작했다. 친구들과 방과 후 모여서 운동장 달리기부터 했다. 달리기에 약한 나는 그래도 즐거웠다. 배구의 기본인 토스와 언더, 그리고 서브 연습도 100회 이상 무한 반복 연습했다. 운동을 통해서 삶의 지혜도 깨달았다. 내 것이 되기 위해서는 오랫동안 인내의 시간을 겪어야 한다는 사실. 운동한 만큼, 배구의 기술이 생기고 체력도 좋아지는 것을 느끼며 세상엔 공짜가 없다는 사실. 기타 등, 어린 나이이지만 반복적인 연습을 통해서 다양한 삶의 지혜를 느끼게 되었다. 운동이 삶에 주는 긍정적인 영향은 크다. 건강은 물론이거니와 몸이 개운하고 점점 더 건강해지니 즐겁고 행복한 삶을 살 수 있게 한다. 이때부터 나는 운동을 좋아하게 되어 현재까지 운동을 즐긴다.

첫째 아이를 임신했을 때 가장 불편했던 점 하나가 운동을 임신 전처럼 못한다는 것이었다. 어릴 때 몸으로 깨달은 운동의 가치를 나는 평생 삶에 활용했다. 한 번도 운동을 안 해본 시기가 없었다. 누군가는 걷고 뛰는 운동을 최고라고 말했는데, 나는 그쪽 분야는 젬병이었다. 5분 거리도 차를 타고 가는 사람. 걷기를 무지 싫어하는 사람이었다. 달리기는 두말할 것도 없다. 주로 내가 한 운동은 기술이 필요한 것들이었다. 수영이나 테니스, 헬스, 스키, 등. 잘하지는 못하지만, 자고로 운동이라면 그런 기술을 연마해야 제대로 운동했다고 여겼다. 그리고 그런 운동들이 나와 맞았다. 운동을 여러 가지 해보니, 자신에게 맞는 운동이 따로 있었다. 기술을 배워서 하는 운동은 아니지만 걷기와 달리기를 유난히 좋아하고 그것으로 삶을 바꾸는 사람도 많다. 자신에게 맞는 운동을 찾아서 평생 건강 지킴이의 역할을 할 수 있도록 하면 된다. 임신 초창기에는 아무래도 조심해야 하기에 하던 운동을 중단했었다. 하던 일을 하지 않으면 뭔가 빠진듯하고, 생활이 흔들린다는 느낌을 받을 수 있는데, 운동을 그만두었을 때 그런 느낌이 들었다. 예비 엄마로서 충분히 감내해야 한다고 생각했지만, 그래도 운동을 못 해서 답답했던 기억이 있다.

현재는 얼마 전부터 배드민턴을 시작했다. 시작한 계기는 작은 아이 딸아이 때문이었다. 필리핀 세부살이를 하다가 코로나19가 발생하면서 한국에 돌아오게 되었다. 작은아이는 귀국 후 일반 학교 4학년으로 전학했다. 중간에 학교를 들어가니, 기존 아이들은 이미 친구 관계가 형성되어 작은아이에게는 타격이 있었다. 여자아이라 친구 관계에 예민했다. 아이의 스트레스를 완화해주자는 목적으로 배드민턴을 시작하게 했다. 우연히 산책하다가 산속에 있는 배드민턴장을 발견했다. 당장 딸과 나는 그곳을 찾아 배드민턴을 시작했다. 하지만 딸은 배드민턴에는 흥미가 없었다. 조금 배우다가 주짓수로 이동했다. 대신 내가 그때 흥미를 느끼게 되어 1년 넘게 지금까지 하고 있다.

　내가 사는 지역은 배드민턴장이 많은 특성이 있다. 아마도 시에서 권장하는 운동이 아닌가 생각한다. 시청지원으로 무료 강좌도 분기마다 시행하고 있다. 장소는 학교 체육관이다. 직장인이나 주부, 기타 모든 지역주민이 사용할 수 있도록 강습 시간도 저녁 시간이다. 분기 모집에서는 경쟁이 치열한 반도 있지만, 원하는 사람은 대부분 등록한다. 아쉬운 점은 이런 좋은 강좌를 모르는 사람이 많다는 것이다. 나도 우연히 직장 동료에 의해서 알게 되었다. 그 동료 덕분에 집 바로 옆 학교에서 칠 수 있어서 10년은 건강하고 젊게 살게 되었다.

　배드민턴의 장점이라면 직장인들이 하기에 안성맞춤이라는 것이다. 그전에 배드민턴을 나는 하지 않았다. 셔틀콕이 가벼운 깃털이라 그 무게처럼 배드민턴이 별로 운동이 되지 않을 것이라는 선입견이 있었다. 하지만, 그것은 잘못된 생각이었을 뿐, 내가 알고 있는 것과 완전히 반대였다. 게임이든 레슨이든 한번 하고 나면 땀이 비 오듯 한다. 온몸의 나쁜 노폐물이 일시에 씻겨져 나가는 느낌이다. 헬스장에서 속도를 높여 30분

달리기한 강도의 땀이 흘러내리는 배드민턴은 도구도 무겁거나 요란스럽지 않아 가볍게 가지고 이동할 수 있어서 좋다. 직장의 스트레스를 한 순간에 날려버릴 수 있지 않을까 생각했다. 아이들도 앞으로 직장생활을 할 것이다. 개인사업을 할 수도 있지만, 똑같이 저녁 시간에 배드민턴을 즐기면서 건강관리를 할 수 있다고 생각했다.

운동을 꼭 해야 하는 이유는 건강을 위함이다. 건강을 잃으면 모든 것을 잃는다고 했다. 돈이 많아도 소용없다. 100억 부자인데 휠체어를 타고 다닌다면 그 모습이 좋아 보이는가? 아닐 것이다. 부자는 아니더라도 건강한 외모를 가진 사람이 훨씬 부러움의 대상이 될 것이다. 이렇게 중요한 건강을 어떤 방식으로 지킬 것인가? 본인들의 몫이다. 바쁘다는 핑계로 운동을 게을리할 수 없다. 운동에 대한 선호도는 사람마다 다르다. 젊었을 때는 확연히 차이가 난다. 운동을 좋아하는 사람과 운동을 좋아하지 않는 사람이 확연히 갈린다. 하지만 나이가 30대만 넘어가도 선호도와 상관없이 너도나도 운동한다. 그만큼 건강관리에 대해 간절함이 생기게 되고 건강관리에 가장 좋은 방법이 바로 운동이란 것을 알게 되기 때문이다. 비가 오나 눈이 오나, 늙으나 젊으나, 그래서, 운동하게 된다. 이것을 빨리 깨달은 사람은 좀 더 건강하게 삶을 누릴 수 있는 것이다. 그래서 어릴 때부터 어떤 운동이든 자신에게 맞는 운동 하나는 배워두기를 강조하고 싶다. 시기를 놓쳤더라도 괜찮다. 운동은 꼭 해야겠다는 생각만 있으면 성인이 되어서도 언제든 시작할 수 있다.

운동은 아무리 강조해도 부족하다. 운동함으로써 건강을 유지할 수 있다. 공부하는 학생은 공부를 더욱 잘하기 위해 체력이 필요하고 나이 많은 사람은 병에 걸리지 않고 건강하게 오래 살기 위해 운동이 필요하다. 건강을 갖추지 못했다면 그동안 쌓아 놓은 부도 소용이 없다. 병원비로 모두 소비해야 할지 모르기 때문이다. 건강은 우리를 기다려주지 않는다. 한번 잃은 건강은 100% 원상복구가 되지 않는다. 미리 예방하고 평상시 잘 관리하는 것이 최고이다. 운동도 하지 않고 몸을 혹사한다면 어느 날 갑자기 불행한 결과가 나에게 닥쳐올 수 있음을 기억하도록 해야겠다. 아이들에게 가르쳐야 할 소중한 가치들이 다양하게 있지만, 건강 관리에 관한 내용, 운동에 관한 것만큼 중요한 것도 없다고 생각한다. 공부도 좋고 꿈도 좋다. 건강이 밑바탕에 든든히 받치고 있어야 공부도 꿈도, 성공도 가능한 것이다. 어릴 때부터 운동하게 함으로써 스스로 건강 관리할 수 있는 능력을 갖출 기회를 주어야 한다. 운동은 건강한 삶과 직접적 관련이 있는 중요한 부분이란 점 잊지 말자.

어떤 직업을 가지든 책은 쓰길 바란다

오늘 아침에도 목차를 확인하고 써야 할 꼭지 제목을 정했다. 꼭지 글을 쓸 때는 항상, 이 작업부터 해둔다. "숙성의 시간"이란 것은 어느 곳에서나 좀 더 좋은 것들을 달성하는 데 필요하다. 일본사람들은 생선회를 떠서 바로 먹지 않고 하루 정도 냉장고에 숙성시켜서 먹는다고 한다. 처음 이 이야기를 접했을 때, '그 맛이 어떨까?' 의심스러웠다. 금방 뜬 싱싱한 회를 먹기 위해 바닷가를 찾는 나에게는 이해가 가지 않는 이야기였다. 바닷가 사람들인 일본사람들이 그런 방법으로 회를 먹는다면 충분히 그럴만한 이유가 있을 것으로 생각해본다. 이것 또한 숙성의 과정을 통한 특별한 맛을 느껴본 사람의 식습관일 것이다. 언제 기회가 되면 일본식 회를 접해봐야겠다 생각했다. 꼭지 글을 쓸 때도 숙성의 시간이 필요하다. 단지 10분, 20분이라도 뇌를 워밍업시킨다. 그래서 일단, 책을 읽기 전에 써야 할 목차부터 한번 읽으면서 확인한다. 목차는 주로 35개의 꼭지 제목으로 이루어지는데, 이것 중에서 지금 쓰고 있는 장 제목을 체크하고 그 장 제목 속에서 오늘 아침에 쓸 꼭지 제목을 눈여겨본다. 그리고 책을 읽고 간단히 인스타그램 글을 쓴다. 오늘 아침은 위의 꼭지 제목이 내 마음을 움직였다. '어떤 직업을 가지든 책은 쓰길 바란다'란 꼭지 제목은 내가 항상 아이들에게 말하는 내용이다. 책 쓰기에 대한 가치를 깊이 깨달은 나는 책 쓰기가 삶을 바꾸고 제대로 원하는 삶대로 인도한다고 인정하고 있다. 스스로 도를 닦듯이 묵묵히 쓰면 그 효과는 참으로 놀랍다는 것을 이미 알게 된 나는 소중한 내 자식이 '책 쓰기'는 꼭 실천할 수 있도록 알려주고 지도하고 있다.

책 쓰기를 강조하는 이유는 다양하다. 책 쓰기를 하기 전에 나는 책을 읽기만 해도 좋다고 생각했다. 책도 안 읽는 사람이 얼마나 많은가? 그래서 책 읽는 사람만 봐도 참 대단하고 특별하다고 여겼다. 책을 쓰기 전에는 그랬다. 독서 모임에서 독서광이라고 말할 정도로 적극적으로 책 읽는 삶을 사는 사람이 많다. 내가 참석하는 독서 모임에서도 10년은 기본이고 20년, 30년, 어릴 때부터 평생 책을 가까이하는 사람들이 많다. 얼마나 대단한가? 대화를 나눠보면 다양한 지식을 겸비했다는 생각이 든다. 정말 대단하다고 생각했다. 하지만, 책을 쓴 이후 나는 생각이 달라졌다.

읽는 것은 수동적인 자세에서 크게 벗어날 수 없다는 것이다. 삶을 바꾸기에는 에너지가 약하다. 책 읽기도 하나의 '소비'에 지나지 않는다. 진정한 성장은 자신이 생산하고 창조할 때 일어난다. 소비만을 하는 사람은 생산에 대해서 고민하지 않는다. 새로운 창조를 염두에 두지 않는다. 그저 받아들이는데 소중한 시간과 노력, 에너지를 투자한다. 뭔가를 만들어 내고자 마음을 먹고 그것을 위해 노력할 때, 그 전 과정에 필요한 것들은 자연스럽게 일상이 되면서 수준 높은 삶을 살 수 있을 것으로 생각한다.

평범하지만, 책을 써야 한다고 강조하고픈 구체적인 이유는 다음과 같다.

첫째, 책을 쓰는 사람은 많은 책을 읽는다.

책을 쓰려면 다른 책들을 읽고 책을 쓴다. 쓰고자 하는 주제의 책을 검색하고 여러 권의 책을 읽는다. 내가 인생 첫 책 《하루 한 권 독서법》을 쓸 때, 100권 정도의 책을 읽었다. 첫 책이었기에 나와 같은 주제로 쓴 책들에 관심을 가지고 수시로 읽었다. 책 쓰기 전에는 하나의 주제로 100권씩 읽기는 쉽지 않다. 하지만 책을 쓰니 없는 시간을 쪼개서 읽는 시간을 마련했고, 빠른 속도로 읽었다. 같은 주제의 독서는 읽는 속도가 자연스럽게 빨라진다. 중복되는 내용이 반드시 있기 때문이다. 중복된 부분은 건너뛰면서 읽을 수 있다. 핵심은 반복해서 머리에 저장하는 효과까지 보게 되면서 책 쓰는 재미도 느낀다. 책을 쓰면서 비로소 책 읽기의 고수가 된다. 실제 책 읽기에 많은 변화가 일어난다. 10년 이상의 책 읽기 내 공을 책 1권 쓰고 얻을 수 있다.

둘째, 읽는데 어렵지 않고 핵심을 찾아 읽는다.

앞에서도 잠깐 이야기했지만, 책 쓰는 방법을 알게 되면 책의 어느 부분에 핵심이 있는지 알게 된다. 음식 장사를 해도 주방장만 믿지 말고 사업자 스스로가 음식을 할 줄 알고 사업을 제대로 할 수 있다고 한다. 음식을 못 하는 사람이 음식 장사를 하는 것은 망하기 좋은 조건을 갖추고 시작하는 것과 같다. 내가 음식을 만들 줄 알아야 문제가 생겼을 때 해결하는 힘이 생긴다. 그것과 마찬가지로 책을 쓸 줄 알아야 책 읽기도 잘 할 수 있다. 핵심 지점을 쉽게 파악하고 작가의 의도를 잘 파악할 수 있다. 작가의 마음을 알아내는 것은 책을 읽는 사람이 그 책에서 더 많은 것을 얻는 방법의 하나라고 말할 수 있다. 책을 많이 읽지만 읽은 내용이 내 삶이 되지 못하는 이유가 바로 책을 쓴 작가의 의도에 대한 이해도가 낮아서이다. 작가 의도를 모르면 감동으로 이어지지 않고 내 삶도 바꾸지 못하는 것이다. 책을 쓴 사람은 핵심 위주의 독서, 삶을 바꾸는 독서를 할 수 있다. 이러니, 읽기는 어려운 일이 아니라 일상처럼 쉬운 일이 될 것이다.

셋째, 표현력이 좋아진다.

책 쓰기를 하면 자신의 마음을 잘 표현하게 된다. 글과 말은 연결되어 있다. 글과 말이 나를 표현하는 수단이니만큼 일맥상통하는 부분이 있다. 글로 표현하는 방식을 말로도 사용하게 되어, 말하기에 효과를 본다. 말 잘하는 사람이 글을 잘 쓰는 것보다, 글 잘 쓰는 사람이 말을 잘하게 되는 경우를 더 많이 본다. 미세한 차이점이 분명 있긴 하겠지만 전반적으로 글과 말이 함께 가는 것은 맞다. 말하기에 자신이 없다는 사람은 글쓰기, 1꼭지 글쓰기를 해보는 것을 권하고 싶다. 책 쓰기를 통해서 소통을 위한 표현력까지 갖출 수 있으니, 사회생활을 하는 누구나 책 쓰기는 유용한 방법이다.

넷째, 시련을 극복하는 힘이 강해진다.

1꼭지 글쓰기에서 글감의 주재료가 내가 어려운 상황을 어떻게 극복했는지, 그 경험과 방법이다. 그렇다면 과거나 현재, 겪고 있는 시련이나 도전이 글을 쓰는 데 많은 사례를 제공한다. 글을 쓰고 책을 쓰는데, 시련과 도전만큼 유용한 재료는 없는 것이다. 책 쓰기를 통해 이런 관점의 변화가 생기고 관점이 바뀌니 시련과 도전에 대한 두려움이 줄어든다. 나도 책을 쓰기 전에는 되도록 힘들지 않은 곳, 도전을 안 해도 좋은 곳, 지금과 같이 꾸준히 살 수 있는 곳을 선호했고 그곳이 아니라면 피했다. 하지만 지금은 시련과 고통이 있더라도 가치 있는 것이라면 주저하지 않는다. 오히려 찾아다닌다. 왜냐하면 시련과 고통 중에 진정한 성장이 있고 또한 책 쓰는 재료들이 풍성하다는 것을 알기 때문이다. 책을 쓰면서 사고방식이 완전히 변한다. 내 삶을 업그레이드하는 혁신적인 사고로 변화되어 다른 삶들과 차별화된다.

다섯째, 자신의 삶이 소중하다는 것을 알게 된다.

책을 써보니, 내 삶에 버릴 시간은 하나도 없음을 진심으로 깨닫게 된다. 인생에서 나만 뒤처진 것 같고 나만 모자란 듯한 부정적인 마음에서 완전히 벗어난다. 책 쓰기는 나의 삶을 글감으로 쓴다. 과거 힘든 시절, 내가 부족했던 시절, 내가 못났던 시간의 나도 지금 책을 쓰면서 그 의미를 다시 찾는다. 현재의 나를 잊게 한 소중한 시간이었음을 깨닫게 된다. 책 쓰기를 통해서 버릴 과거는 하나도 없음을 제대로 알게 되는 것이다. 과거가 소중한 만큼, 앞으로 살아갈 현재나 미래도 소중한 것으로 느낀다. 그러니, 어떻게 살겠는가? 마음을 다해 한순간 한순간을 살게 된다. 우울해하다가도 박차고 일어난다. 우울한 것은 사람이기에 수시로 찾아오지만, 책 쓰는 사람들은 다르게 바라본다. 우울할 시간 없이 그 시간을 소중한 내 삶을 만드는 시간으로 대체하고 활기차게 살아간다. 감정의 기복 상태에서 평정심을 찾고 소중한 내 삶을 즐긴다.

"얘들아, 어떤 직업을 가지든 책은 꼭 쓰길 바란다." 내 아이들에게 자주 말한다. 내 아이는 소중하기에 책 쓰기를 강조한다. 아이들이 어떤 직업을 가지고 살지는 아직 모르지만 무엇을 하고 살든 책만은 쓰길 나는 바라고 있다. 책을 쓴다면 다양한 삶의 효과를 얻을 수 있다. 책 쓰기를 통해 책 읽는 습관을 들일 수 있다. 책 쓰듯이 핵심 부위를 찾아 더 빠르고 재미나게 책 읽기를 즐긴다. 읽는 습관만 들여도 자신만의 삶을 찾아 좀 더 행복할 수 있다. 내가 필요한 시간에 수많은 작가와 언제든 소통할 수 있고 내적 자극을 무한 반복적으로 받기 때문이다. 내 문제에 대한 해답의 팁도 내가 읽는 책들의 작가들에게 얻을 수 있다. 책 쓰기는 또한, 표현력을 향상하게 시켜 말하기와 글쓰기에 강해진다. 마음껏, 내 의중을 타인에게 전달할 수 있다. 또한, 책 쓰기의 재료가 되는 시련과 도전을 성장이자 글감으로 생각하기에 다양한 도전에 과감하게 뛰어든다. 무엇보다 책을 씀으로써 가장 큰 깨달음은 내 인생에서 버릴 경험과 시간은 하나도 없다는 사실이다. 현재도 미래도 내 삶은 무엇이든지 가치 있고 소중하다는 것을 알아차린다. 자존감은 자연스럽게 상승한다. 자신감 있고 주체적인 삶, 이것이 책 기를 통해 가능하다는 것이다. 책 쓰기, 삶에서 이것 이상 좋은 것은 없다. 사는 동안, 책 쓰는 기술을 배우고 익혀, 어설프더라도 시작해야 할 이유이다. 꾸준히 쓰면서 책 쓰기 기술은 유지하고 내 삶에 책 쓰기 효과가 매일같이 일어나도록 해야 한다. 책 쓰기로 살맛 나는 인생, 행복한 인생을 살기를 기원하며 특히, 소중한 내 아이가 책 쓰기의 가치를 꼭 알고 실천하길 간절히 바란다.

삶을 혁신하는 3가지 비법은 새벽 기상, 독서, 글쓰기이다

살다 보면 스스로 자괴감이 들 때가 있다. "나는 왜 이렇게 못났을까?", "내가 이 정도밖에 안 되나?"라는 마음이 생긴다. 나는 인생 첫 책을 쓸 때, 그런 부정적인 감정들에 쌓여있었다. 지금 생각해보면, 그 원인은 자신감 부족이었다. 스스로에 대한 믿음이 부족했다. 책이라도 열심히 읽고 스스로 마음을 다졌다면 환경에 좌지우지 흔들리고 절망하지 않았을 것이다. 세상에 가장 소중한 것은 자기 자신이다. 어릴 때는 부모가 가장 소중했고 청소년기에는 친구가 없어서는 안 될 존재였다. 하지만 모두 자신만큼 소중하진 않다. 자신이 세상에 가장 중요하다는 사실은 변함이 없다. 자신의 가치를 알기 전까지 험난한 시간이 필요하겠지만 그런 시간 이후 '자기 확신'이란 단단한 감정이 생긴다는 사실을 기억해야겠다. 스스로에 관해 확신한다면 어떤 일을 겪더라도 조금 더 담대해지고 흔들리지 않을 것이다. 자신이 원하는 삶과 목표를 향해서 꿋꿋이 나아가는 시간을 가질 수 있다.

새해가 되면 한해의 포부를 선포하고 결심한다. 독서를 본격적으로 해보겠다고 독서계획을 세우는 사람도 있고, 멋진 몸을 만들겠다고 다이어트 목표를 SNS에 공유하는 사람도 있다. 저마다 부족하다고 생각하는 영역에서 새로운 각오를 한다. 이것 하나만은 나의 습관으로 만들어 삶을 혁신시키고 싶다는 영역을 정해서 야심 차게 새해를 맞이한다. 하지만 '작심삼일'이다. 어느 영역에서나 3일이 고비인지, 헬스장 사장님이 말했다. "오늘 새해 1월 1일이라서 사람들이 붐비지만, 한 3일만 지나면 지금 인원의 반이 줄어요. 신기하게도 해마다 그렇답니다." 평범한 사람들이 하는 "작심 3일"은 이제, 그만해야겠다. 진짜 혁명을 위해 다음의 3가지를 강조하고자 한다. 운동도 좋고, 독서도 좋지만, 긍정적인 삶의 변화, 성장을 가능하게 하는 시너지 효과를 연속적으로 발생시키는 시스템 장착이 중요하리라 생각한다. 하나의 행동이 다른 하나의 행동으로 연결되어 가기에 세트로 실천하는 것이 필요하다.

번번이 작심 3일이 되지 않고 혁신적으로 삶을 바꿀 3가지를 제안한다. 첫째는 새벽 기상이고 둘째는 독서, 셋째는 글쓰기이다. 이 3가지를 세트로 내 삶에 설정하는 것이다. 첫째, 새벽 기상은 아무리 강조해도 부족하지 않다. 나는 새벽 시간은 절대 양보할 수 없다고 생각한다. 처음에 나는 새벽형 인간이 아니라고 믿었다. 하지만 아니었다. 새벽에 못 일어 난다는 한계를 스스로 만들었기 때문에 나는 새벽과는 거리가 먼 사람 이 되었다. 지금은 새벽 기상을 실천하고 있고 이름도 '새벽'이라고 짓고 싶을 정도로 새벽의 가치에 감탄하고 있다. 우선 '새벽'과 관련된 나 자신 에 관한 선입견을 말하자면, 새벽 기상을 하려면 잠이 적어야 한다고 생 각했었다. 잠이 많다면 새벽 기상이 불가능하다고 추호도 의심하지 않았 다. 하지만 아니다. 새벽 기상은 잠을 줄이는 것이 아니었다. 그렇기에 잠 이 많은 사람도 충분히 새벽에 일어날 수 있다. 잠을 줄이고 새벽에 일어 나는 사람은 새벽 기상을 삶에 장착할 수 없다. 새벽의 가치를 알고 새벽 기상을 결심했다면 저녁 시간을 줄이고 새벽 시간을 활용한다는 생각을 가져야 한다. 우리가 생각 없이 허비하는 저녁 시간은 내 삶에서 버려도 되는 쓸모없는 시간이기 쉽다. 저녁 시간 대신에 새벽 시간을 활용해야 한다. 새벽 시간은 창조의 시간이다. 창의적인 활동이 가능한 새벽 시간 을 내 삶에 활용한다면, 원하는 삶을 살 수 있다.

　새벽의 가치는 뭐니 뭐니해도 풍성한 아이디어이다. 나이 반백 년을 살 다 보니, 성공적인 삶의 핵심은 아이디어란 것을 알게 되었다. 신선한 아 이디어, 혁신적인 아이디어, 문제해결 아이디어, 등, 다양한 아이디어가 삶을 바꾼다. 쉬지 않고 성실하게 열심히 일한다고 삶이 바뀌지는 않는 다. 그저 어제와 같은 오늘이 유지될 뿐이다. 열심히 일하는 것 플러스 아 이디어가 필요하다. 평생을 바쳐 군 생활을 한 지인은 지금도 집 한 채가 없다. 언제든 주인이 그만 살라고 하면 이사를 해야 한다. 군에서는 사는 집을 제공한다. 군인아파트가 있어 어느 정도 자격이 갖추어지면 힘들이지 않고 저렴한 비용으로 군인아파트에서 살 수 있다. 군 생활을 오랫동안 하면서 주거에 대한 걱정은 없었다. 그러니, 집을 미리 사두어야 한다는 생각 자체를 하지 못한다. 설사 하더라도 당장 급한 일이 아니라고 생각한다. 꼬박꼬박 나오는 월급, 아주 많지는 않지만, 주거비가 안 들어가니, 사는 데 크게 문제가 되지 않는다. 현재 어려움이 없으니, 힘들여 뭔가를 해야 한다는 생각 자체를 못 한 것이다. 생각도 환경의 영향을 받는 것이다, 하지만, 만약, 새벽 시간에 깨어나 자신의 삶을 조용히 돌이켜 봤다면, 평생 군인을 할 것이 아니라는 사실을 금방 깨달았을지 모르겠다. 그래도 30년 후 전역을 할 때는 최소 집 한 채는 마련해야겠다는 아이디어를 얻었을지 모른다. 새벽에는 낮에 생각하지 못한 아이디어들이 뿜어져 나온다. 나는 단연코, 그런 아이디어를 새벽 시간에 갖게 되었을 것이라 확신한다. 왜냐하면 새벽 시간에는 뇌 상태가 최상이기 때문에 낮에 하지 못했던 아이디어를 많이 얻는다. 새벽 시간 자체가 풍성한 아이디어 밭이다. 내가 가장 필요한 모든 영역에서 아이디어를 얻을 수 있어서 색다른 관점으로 삶을 바라볼 수 있다.

새벽 시간에 하는 모든 일은 장기기억으로 바로 넘어가 삶을 바꾼다. 새벽 시간에 해야 할 일들로 가장 좋은 것들은 내 삶에 긍정적인 영향을 최대한 많이 주는 활동이다. 새벽에 건강을 위해 운동을 하는 사람도 있다. 건강의 가치는 아무리 강조해도 부족하지 않기 때문에 당연히 좋은 활동이다. 하지만, 나는 새벽에는 운동보다는 독서를 하라고 권한다. 새벽에 독서를 한다면 건강에 대한 아이디어뿐만 아니라 전반적인 삶의 영역에서 변화를 체험할 수 있다. 새벽 시간의 집중력은 뇌 상태와 직접적인 관련이 있다. 하루 중 가장 개운한 뇌 상태가 바로 새벽 시간의 뇌이기에 어떤 활동이든 질적 상태가 높아진다. 예를 들어, 사소한 청소도 새벽 청소는 낮의 청소와 다르다. 구석구석, 새로운 청소 방법 아이디어로 행복한 마음으로 청소한다. 운동도 낮의 운동보다는 만족감이 늘어난다. 하지만 청소, 운동은 내 삶에 대한 영향력이 작다. 독서만큼 내 삶을 바꾸지는 못한다. 삶의 수준을 조금 높일 정도이지 독서만큼 혁신적인 변화의 밑거름이 되진 않는다. 그래서 새벽 시간 해야 할 가장 좋은 활동은 삶에 지대한 영향을 미칠 독서를 권한다.

독서도 어떤 책을 읽느냐가 중요하다고 강조하고 싶다. 내가 처음에 읽어야 할 책은 현재 내가 가지고 있는 문제와 관련된 책이어야 한다. 내가 육아가 어려웠을 때, 육아서를 읽었다. 그것이 계기가 되어 지금은 책을 열심히 수시로 본다. 문제가 없는 사람은 없다. 자신만이 가지고 있는 문제를 키워드로 정한 후 검색해서 책을 선택해 읽으면 된다. 보통 사람들은 주변에서 좋은 책이라고 하거나 베스트셀러 책을 읽는 경향이 있다. 이것은 내가 중심이 되는 선택이 아니라 남이 중심이 된 선택이다. 나 중심 선택이 중요하며 책도 내가 필요한 것을 선택해야 함을 강조한다. 자신의 문제를 해결할 실마리가 되는 책이라면 어떤 책이라도 상관없다. 악평을 받는 책이라도 나에게는 유익할 수 있다. 내가 가진 문제를 해결해 주는 책인데, 세상의 평가 따위는 신경 쓰지 않아도 되는 것이다. 자신의 문제를 해결하는 책을 선택한다면 책 읽는 것에 재미를 느낀다. 읽으면서 하나하나 해결되는 상황이 나를 행복하게 만든다. 이렇게 책 읽는 것이 즐거워지며 독서 습관은 자연스럽게 형성된다.

아무리 노력해도 독서 습관이 잘 형성되지 않는다면 위의 책 선택에 한 가지를 더 추가해서 기억하도록 하자. 처음부터 쉬운 것은 세상에 없다. 일정 수준이 될 때까지 인위적인 노력과 행동이 필요하다. 독서 습관 형성에서도 마찬가지이다. 독서량에 상관없이 매일 책을 펼쳐 단 5분이라도 매일 읽으라는 것이다. 매일 하는 행동은 자연스럽게 습관이 된다. '책 읽는 것은 정말 재미없어.'라는 부정적인 생각은 금물이니, 그런 생각은 아예 하지 말자. 그냥 묵묵히, 몸에 익숙해질 때까지 단지 행동하는 데 의의를 두고 꾸준히 책을 펼치는 것이다. 머리로는 독서가 중요한 것을 다 알지만, 행동으로 옮기는 데는 또 다른 차원이다. 그저, 몸으로 책을 접하는 것이 중요하겠다. 묵묵히, 매일 5분 동안 읽는 그런 시간이 쌓여 책은 드디어 나의 인생 멘토가 된다. 독서 습관을 형성하기 위해 하루 목표 수준을 낮게 정해야 한다. '단 5분만 읽겠다.', '단, 1문단만 읽겠다.'라고 생각하고 매일 읽기의 행동을 하길 강조한다.

책을 읽지만, 삶이 바뀌지 않을 때 다음으로 도전해볼 것이 글쓰기이다. 책은 입력의 영역이다. 입력행위를 한다고 고스란히 읽은 내용이 머리에 저장되고 삶을 바꾸는 것은 아니다. 더 적극적인 활동이 필요한데 그것이 바로 글쓰기이다. 즉, 내 언어로 읽은 것을 다시 새롭게 출력하는 것이다. 말하기와 글쓰기가 다 출력에 해당하는데, 혼자서 조용히 할 수 있는 것은 말보다는 글이다. 글쓰기는 어쨌든 혼자서 가능하다. 읽은 내용 중, 한 단어, 한 문장이라도 좋으니, 사진 찍고 SNS에 올리거나 독서 후 글쓰기라는 파일을 만들어 자신만의 글을 써보면 된다. 확실히, 읽은 것들은 내 삶에 살아서 새로운 창조물을 만들어 낼 것이다. 새로운 아이디어도 얻는다. 내 머릿속에 있는 것만으로는 기발한 삶의 아이디어가 만들어지지 않는다. 입력되는 자료와 기존 머릿속 자료가 융합하여 새로운 아이디어를 글로 써봐야 한다. 그렇게 삶은 혁신되어 간다. 글쓰기, 어렵게 생각하지 말고, 단 한 줄이라도 시작해 보는 것이다.

시시때때로 삶은 업그레이드되어야 한다. 성장하지 않는 삶은 도태된다. 삶의 수준을 높이는 비법으로 새벽 기상, 독서, 글쓰기를 추천한다. 성공적인 삶, 특별한 삶, 평범하지 않은 삶을 사는 대부분 사람의 공통적 삶의 방식이다. 솔직히, 새벽의 가치는 아는 사람만 안다. 나는 새벽 기상을 결심하고 새벽 수영을 위해 수영장 주차장을 찾았을 때, 차들로 꽉 찬 주차장을 보고 그동안 나만 새벽의 가치를 몰랐다는 것을 깨달았다. 새벽에는 수많은 아이디어가 산재하는 시간이다. 이 시간을 건너뛰는 것은 황금밭, 노다지 땅을 거저 버리는 것과 같다. 인생의 소중한 가치들을 잃지만, 잃고 있다는 사실 자체를 모른다. 독서 또한 조금씩 매일 나를 성장시킨다. 많이 읽는 것이 중요한 것은 아니다. 한 문단을 읽더라도 그 문단에서 삶의 혁신을 이룰 아이디어를 얻을 수 있다면, 그것이 소중하고 중요하다. 독서 후 글쓰기는 읽은 내용을 내 삶 속으로 가져와 새로운 아이디어를 얻는 행위이다. 새벽 기상, 독서, 글쓰기라는 3종 세트를 평생 할 수 있다면, 원하는 멋진 삶을 살게 될 것이라고 장담한다.

가치 있는 일에 투자해라

아침에 일어나자마자 화장실부터 찾았다. 세숫대야에 아이들 속옷이 담겨 있는 것이 보인다. 아들은 요즘 축구에 빠져 야밤 축구를 매일같이 한다. 인터넷 동영상을 통해 기술을 머리로 익히고 아빠와 함께 집 근처 근린공원의 축구장에서 축구 연습을 한다. 장래 희망도 축구선수라고 한다. 현재 다니는 중학교 말고 축구를 배울 수 있는 중학교로 전학을 가고 싶다고 말한다. 피파 게임의 영향인지, 아님, 어떤 사람으로부터인지, 계기는 자세히 모르겠으나 완전 축구 사랑에 푹 빠졌다. 축구하고 난후 매일같이 샤워하니, 땀에 젖은 겉옷, 속옷들을 많이 벗어낸다. 피곤했던 저녁에는 그 빨래가 눈에 안 보였다가 개운한 아침이 되면 보인다. 눈도 덜 뜬 상태에서 속옷을 빨고 나오니, 압력밥솥에 밥이 조금밖에 없다. 그래서 쌀을 밥솥에 담아 씻으려고 하니, 또 다른 것들이 보인다. 잡곡 통에

잡곡이 바닥이다. 사둔 잡곡을 찾아 통에 붓고 쌀을 씻었다. 밥을 하고 본격적으로 나만의 시간을 가지려고 했는데 입안이 텁텁하다. 그래서 냉장고에서 사과 반쪽을 꺼내 깎아 커피와 함께 식탁에 앉았다. 이러는 사이 30분 이상 시간이 흘렀다. 아침에는 책 읽고 책 쓰는 시간을 가장 먼저 가지겠다고 매일 같이 마음먹지만 잘 안된다. 오늘 아침 한 일을 생각해보니, 손빨래하고 밥하고, 부직포로 간단한 청소, 잡곡 미리 챙겨 통에 넣어두기, 꽤 많은 일을 했다. 생활에서 다 필요한 일들이지만 이런 일들은 내 삶을 크게 바꾸는지는 못한다. 내 삶을 어제와 같은 모습으로 유지할 뿐이다. 집중이 잘되는 하루 한 번뿐인 아침, 이 시간만이라도 삶을 변화시킬 좀 더 가치 있는 일들을 해야겠다고 다시 마음먹어 본다.

일하는 스타일은 각양각색, 다양하다. 직장에서 많이 느낀다. 기본적인 업무에서도 힘들어하는 사람이 있는가 하면, 어려운 일들도 아무렇지 않게 척척 해내는 사람이 있다. 어려운 일도 쉽게 하는 사람은 아마도 일머리가 있는 사람일 것이다. 4년 휴직했다가 복귀하던 해, 다행히 업무를 능수능란하게 술술 잘 해내는 동료와 같은 부서가 되었다. 보통 보건은 체육과 소속이 많은데, 이 학교에서는 보건이 생활 인권부, 즉 학생과 소속이었다. 같은 학생과 소속인 이 사람은 외모상 거의 특별해 보이지 않은, 그야말로 평범한 남교사이다. 복장 또한 지극히 평범했다. 오히려 젊은이들이 주로 입는 티에 청바지나 면바지 같은 옷을 자주 입었다.

항상 밝은 웃음에, 크게 걱정, 근심이 없는 얼굴상이다. 처음 복직했을 때, 정서·행동 검사 통계와 일부 검사를 기간제 보건교사가 하고 있었던 것을 알게 되어서 이 부분에 대해서 나는 문제 제의를 했었다. 그 남교사는 "그럼, 이런 제안을 할 수 있는 자리를 마련하겠다. 그러니, 한번 이야기 해보는 것도 좋을 것 같다"라고 말했다. 좋은 이야기도 아니고, 그런 자리가 부담된다고 생각했는데, 업무조정을 하려면 그 방법이 가장 좋을 것 같다는 생각이 다시 들어서 그렇게 하겠다고 말했다. 하루는 업무조정의 담당자라고 할 수 있는 교감 선생님과 전문상담교사, 전문상담교사가 소속된 진로 부장까지 한자리에 모이게 되었다. 안 하던 업무를 하게 될 수도 있는 상황에서 상담교사와 진로 부장은 예민해 있었다. 이런 자리를 3번 정도 더 가지도록 그 교사는 분위기를 만들었다. 결국, 업무는 조정되어 정서·행동 검사는 다른 학교처럼 전문상담교사가 맡는 것으로 결정되었다. 만약, 그 교사가 나서서 자리를 마련하지 않았다면 이 조정은 이루어지지 않았을 것이다.

업무라는 것이 혼자서 정해서 하는 것이 아니다. 전반적인 상황을 보고 판단해서 적합한 부서에서 담당하게 된다. 업무 조정할 때 주변 학교들의 업무 분담 상황도 참고사항이 된다. 이렇게 조정하는 것이 가끔 있을 수 있는데, 업무이다 보니 민감하여 조정 제안이 쉽지 않다. 말을 꺼내기도 어렵다. 그런데도 그것을 잘 받아들이고, 개인이나 부서의 일이 아니라 학교 전체의 일로 여겨 거시적으로 처리한 부분은 그 사람의 그릇이 큰 것으로 생각된다. 부서 간 업무로 인한 불만이나 갈등들이 있다면 학교 분위기가 좋지 않게 된다. 새로운 의견이 있다면 일단, 자리를 마련하는 것을 누군가가 나서서 중재한다면 훨씬 이야기하기를 꺼내기 수월해진다. 그런 멋진 일을 누가 시켜서 하는 것이 아니라 스스로 앞장서 추진하는 교사의 모습은 귀한 본보기가 된다. 몹시 어렵고 훌륭한 일들을 아무렇지 않게 해내는 그 교사를 보면서 나 또한 저렇게 일하도록 노력해야겠다고 생각하게 되었다.

일할 때 누구나 열심히 한다. 일 중에 중요하지 않은 일이 어디 있겠는가? 하지만 일들마다 고유의 가치가 있다고 나는 생각한다. 손빨래나 밥하는 것처럼 일상 일들도 무시할 수 없는 중요한 일이지만 이런 일들도 챙기면서 이것보다 더 가치 있는 일 즉, 삶을 성장시키고 변화시킬 일을 꼭 하는 것이 중요하다. 혼자서 해낼 수 있는 일은 여러 사람이 의견을 모아 결정하고 추진하는 일보다는 쉽다. 어찌하였든 혼자 하는 일은 다수의 사람이 개입해서 하는 일보다는 덜 번거롭고 덜 어렵다는 것이 사실이다. 그렇기에 여럿이 하는 일보다는 혼자 하는 일을 좋아하는 사람이 있다. 조직 속에 있지만, 타인과 상의해서 하는 일보다는 혼자서 하는 일에 더 만만하다. 혼자 하는 일을 자주 하다 보면 주의해야 할 부분이 있는데, 같이 하는 일에 서툴러진다는 것이다. 사람은 혼자서 살 수 없다. 일에서도 협동이 필요하다. 듣고 배려하고 협조하고 이 활동이 꾸준히 이어져야 한다. 나 자신도 보건 일을 하다 보면, 혼자서 판단해서 일을 처리할 때가 많다. 학교 내 유일한 의료인이기에 보건 업무 여건 상황이 그렇다. 그래서 혼자 하는 일에 강해지고 함께 하는 일에는 점점 약해질 수 있다. 그래서 여럿이 협동으로 하는 일에 부족하지 않도록 노력해야겠다고 생각하고 있다.

좀 더 가치 있는 일은 크게 2가지라고 말하고 싶다. 나 자신의 성장이 가능한 일과 타인을 성장할 수 있게 독려하는 일이다. 나 자신의 성장이 가능한 일은 내가 그동안 해보지 않았지만, 그 일을 한다면 여러모로 긍정적인 변화가 생길 일들이다. 예를 들어 독서 습관이나 글쓰기 습관 같은 것이다. 독서 습관은 아무리 강조해도 과하지 않다. 시공간의 제한을 뛰어넘어 다양한 간접경험을 할 수 있다. 그 경험은 바로 우리의 성장과 발전의 디딤돌이 된다. 언제 어느 곳에서나 책을 읽으면서 우린 많은 것들을 체험한다. 그런 경험을 통해 아이디어를 얻고, 새로운 모습으로 변화되어 간다. 읽는 것, 자체가 처음에는 어렵게 느껴질 수 있다. 그럴수록, 같은 시간에 반복해서 읽고 습관으로 만들어야 한다. 반복한 행동은 자연스럽게 원하는 것을 이루게 하고 점점 더 그 행동이 몸에 익어 삶의 변화를 일으킨다. 글쓰기도 마찬가지이다. 꾸준히 글을 씀으로써 창의성 계발, 표현력 향상, 두뇌 계발이 가능해진다. 새로운 일의 도전도 나 자신의 질적 성장을 가능하게 한다. 도전하고 실패하는 과정을 통해서 포기만 하지 않는다면 혁신적인 성장이 일어난다. 가치 있는 일의 또 하나는 타인의 성장에 도움이 되는 일이다. 내가 배운 기술과 경험을 공유하는 일이 이에 해당한다. 결국 타인의 성장이 나의 성장으로 이어진다. 모든 사람은 연결되어 있기 때문이다. 특히, 공간적으로 가까이 있는 사람들이라면 더 밀접한 관련이 있다. 근시안적인 관점이 아니라 멀리 보며 삶을 영위하는 것이 중요하겠다.

가치 있는 일에 자신의 자원을 투자해야 한다. 세상에 버릴 책은 한 권도 없는 것처럼, 일상과 삶은 하나하나 소중하지 않은 것이 없다. 하지만, 분명, 그 일들의 결과는 다르다. 밥하고, 청소하고, 먹고 자고, 등 소소한 일상사는 필요한 일이지만 삶을 혁신적으로 바꾸지는 못한다. 이런 평범한 일들로 하루를 보낸다면 어제와 같은 오늘, 변화도 성장도 없는 현재를 살게 될 것이다. 평범한 일상을 살지만, 그곳에 자신의 성장이 가능한 가치 있는 일을 추가해야 한다. 성장을 보장하는 가장 기본이 되는 일들이 바로 읽고 쓰는 것이다. 읽고 쓰는 중에 나에게 진정 가치 있는 일을 발견할 기회가 많아진다. 혼자의 생각에는 한계가 있다. 특별한 성공 마인드를 가진 사람과의 만남도 좋다. '성공'이란 정의는 사람마다 다르겠지만 성공은 '부'의 성공만을 말하지 않는다. 삶의 성공을 위해 동기부여 받을 수 있는 정신적 멘토를 만나 나의 정체성에 눈뜨고 나의 길을 나아가야겠다. 나를 성장하고 혁신할 좀 더 가치 있는 일들에 시간, 노력, 에너지를 투자하길 바란다.

소중한 내 아이에게 꼭 알려주고 싶은 것

초판 1쇄 발행 | 2024년 3월 29일

지은이 | 김봄, 김보아, 김경화, 나애정
펴낸이 | 김지연
펴낸곳 | 생각의빛

주 소 | 경기도 파주시 한빛로 70 515-501
출판등록 | 2018년 8월 6일 제 406-2018-000094호

ISBN | 979-11-6814-067-7 (03590)

원고 투고 | sangkac@nate.com

* 값 14,500원